法式繩結編織
入門全圖解

韓國編織達人・金高恩 / 著

Macramé

[作者序] 編織出你我的幸福時光

「製作繩結能讓我放下複雜的思緒,持續編織出幸福與自信。」

某天,在我覺得自己看起來狼狽不堪的時候,偶然看見了一條繩結編織項鍊。

這條項鍊讓在大學主修管理學、和手工藝沒有任何關連的我,窺見了名為繩結的嶄新世界。看著這條僅僅用線纏繞著閃亮原石的項鍊,我深陷於它的魅力之中,於是到處搜尋網路介紹和書籍,收集繩結編織的相關資料並開始自學。當時知道繩結編織的人相當少,所以連需要的材料都很難找到。我漫無目的找遍東大門的飾品材料行,好不容易才買到需要的線和材料。從繩結編織的第一步——尋找合適材料,就反覆經歷了許多失敗。

起初,我連最簡單的繩結都會編錯,只能做出和項鍊相距甚遠、毫不起眼的成品。儘管尋找材料、練習編織並不是一件容易的事,但是繩結編織帶給我的寧靜與專注,足以讓我完全沉浸其中。我是個容易想太多、自我折磨的人,但當我投入在編織繩結時,連多想的空檔都沒有,好幾個小時就這樣不知不覺流逝。在日復一日的編織練習中,我有了明顯的進步,也讓我擁有了成就感與小確幸。我把親手完成的作品當作禮物送給身邊的人,看著他們收到繩結而開心的樣子,這份透過繩結編織獲得的幸福更是加倍放大。

隨著編織技巧提升,我也開始在作品中加入原石、串珠等其他材料。不同於璀璨耀眼的美麗寶石,那些外表略微粗糙的蛋面原石(cabochon),在遇見繩結後反而成為令人驚豔的美麗飾品。逐步了解地球上自然生成的無數原石,並運用原石和線材做出更多作品,這些都為我帶來截然不同的滿足。一直到現在,我依然一點一滴地累積著幸福,在分享的同時持續進行編織。

我期盼能有更多人感受到我在編織繩結時所獲得的幸福,因此決定寫下這本書。希望可以用簡單又詳細的方式傳達繩結編織的樂趣,讓所有想嘗試製作繩結飾品的人不會遇到太大的困難。

願大家都能擁有平安、幸福的繩結編織時光。

Macramé Joanna

金高恩

法式繩結編織是什麼？

大家可能到現在還對「繩結編織（macramé）」這一詞感到陌生。

　　無論你是首次聽到或是曾經聽過，一開始在腦中浮現的或許都是壁掛（wall hanging）那樣的大型繩編裝飾品吧！繩結編織是指單純以線材、原石、串珠等簡單材料，用手編出紋樣的繩結工藝。本書的繩結編織會是利用粗度 0.5〜2mm 左右的細線，做出尺寸相對較小的飾品。

　　編織繩結飾品需要以慢條斯理的心態來精心製作。與一般飾品被快速消費、快速丟棄的特性不同，繩結飾品即使長時間配戴也不容易變質、損壞，只會隨著時間的流逝，逐漸褪去色澤，繩結飾品可以完整記錄與配戴者一同度過的時日。

編織繩結飾品的魅力

- 和其他手工藝品相比,可以更快完成,獲得更高的成就感。
- 材料和成品的體積小,在保存方面比較沒有負擔。
- 方便攜帶,不受時間和空間的限制,可以隨時享受手作樂趣。
- 親手完成的繩結飾品非常適合當作禮物送給親朋好友。
- 專心編織時,可以抽離複雜的思慮,享受寧靜的時光。

[目錄]

關於本書影片

只要以手機掃描書中 QR 碼，就可以連結到示範影片。影片的韓文說明與書中作法相同，可以透過觀察作者動作，更流暢掌握編織過程。

DIY · MACRAMÉ

第一章

繩結編織的
物品準備
與基礎技巧

基本工具 & 材料

- 工具篇：讓編織過程更順手

1. **固定板（資料夾板）**：在編織繩結時，為了不讓線材被手的力量拉偏，所以需要固定板幫助支撐。閱讀書架和資料夾板都可以拿來當作固定板，或是使用比較硬挺的紙板、塑膠板。

2. **文具夾**：主要用來夾住線材，將線材固定在固定板上。建議選用開口部分沒有曲線、間隙且平直的長尾文具夾。

3. **剪刀**：裁剪線材或作品收尾時會使用到剪刀。為了在收尾時，盡可能留下最短的長度並剪去剩下線材，建議選用刀刃較小的手工藝剪刀。

4. **打火機**：繩結編織飾品不會使用接著劑，所以主要會以火來燒融線材作收尾。如果不擅長使用一般打火機，建議可以選用按壓式打火機。

5. **刺繡針**：製作原石項鍊或手環作品時，如果需在原有繩結上加入線材，就需要用到刺繡針。建議選用針孔較大、粗度 1mm 的線材可以穿入的刺繡針。

6. **鉗子**：製作耳環一類的飾品時，用來撐開 C 圈的工具。

7. **開圈戒指**：用鉗子撐開 C 圈時，幫助固定 C 圈的工具。

・材料篇：以材質添加變化感

1. 繩結編織線：製作繩結編織飾品時，一般不會使用接著劑，而是會用火燒融線材來收尾，因此建議選用粗度小於 2mm 且可以用火燒融的線材。常用線材是 0.5mm 和 0.7mm 的聚酯纖維（polyester）蠟線。

- **聚酯纖維蠟線（LINHASITA南美蠟線）**：不同廠商的蠟線多少會有差異，但都是在表面包覆蠟質成分、稍微具有黏性的線材。蠟質的黏性可以減少手和線材的摩擦，更容易拉緊繩結，相當適合初學者使用。
- **純麻線（Hemp）**：是一種硬挺、頗具韌性的線材，表面是略微粗糙的質感。
- **尼龍線（S-Lon）**：表面平滑柔軟、沒有黏性，線材本身帶有些微的彈性。

2. 串珠：與一般手工藝所使用的串珠大小不同，繩結編織的串珠孔洞內徑需要大於 1mm，才能讓粗度大於 0.5mm 的線材可以順利穿入。

- **玻璃串珠**：因為不會生鏽的特性，非常適合用來製作繩結編織飾品。
- **金屬串珠**：有黃銅、純銀、醫療鋼（surgical steel）、黃金、鍍金、包金（gold filled）等各種不同材質可以選擇，適合用來演繹風格華麗的飾品。建議避開易生鏽的串珠，才能讓作品保持得更長久。
- **木質串珠**：木質串珠帶有自然質感，相當適合繩結編織，但要小心不要經常接觸到水，以免降低光澤感或變色。
- **其他裝飾**：除了以上的串珠，還可以靈活運用金屬吊墜或羽毛等各種裝飾。

3. 原石：在編織繩結飾品時，不僅可以用穿線方式串入原石串珠，也可以選用完全沒有孔洞的蛋面原石。型態完整的原石可以單純地運用繩結環繞、固定。

- **原石串珠**：經過加工後，製作成中間鑿有孔洞的圓球狀原石。編織時，一般都會選用直徑 4～8mm 的串珠。
- **蛋面原石**：經切割加工後，一面平坦光滑，另一面圓潤沒有稜角的圓弧面原石。運用繩結包覆原石，即可做出項鍊、手環、戒指等各種飾品。

4. C 圈：約 3～5mm 為適合尺寸，可將裝飾或耳鉤等材料，連接到繩結作品上。

5. 耳鉤：用 C 圈將耳鉤連接到編織完成的繩結吊墜上，即可做成耳環。

編織的基本流程

1. 構思作品

首先構思想要製作什麼樣的作品，以及評估需要使用的材料規格等等。

2. 裁線

測量出所需的線材長度後裁剪。比起每次裁線時都需使用捲尺測量，建議將固定板拿來代替捲尺，當作基準測量線長會更加方便。

☺ 例如固定板的長邊為 30cm，想裁出 120cm 的線時，只需量出固定板長邊的 4 倍線長即可。

3. 編織繩結

運用繩結編織出構思的設計，完成作品。

4. 加入原石、串珠等裝飾材料

在編織繩結的過程中，可以加入原石或串珠增加變化。

5. 線材收尾

編織完成後，剪去多餘線材並用火燒融，把作品收尾。

6. 記錄線材長度

將一開始裁剪的線材長度，扣除剩餘的線長，計算出作品實際用到的線材長度並記錄下來。這裡也要算入預留的線長（約 10cm）。

◎ 假設裁剪 6 條 120cm 的線材，在完成編織後，每條線還剩 30cm，即表示此作品所需線長為 90cm 加上預留線長（約 10cm）。如果是用短線製作，也可將預留線長算得短一點。

常用的編織技巧

將線材確實固定

正面

反面

編織時如果拉線力道太強，可能會把線材扯下來。為了避免這個情況，在固定板的正反兩面，都要確實用文具夾將線材夾住。

輕鬆將串珠穿線

一般 DIY 用的加工串珠孔徑偏小，所以繩結編織需要準備孔徑 1mm 以上的串珠。即使如此，初學者要將串珠穿線依然有些難度，以下將介紹如何輕鬆將線穿入串珠孔洞的方法。

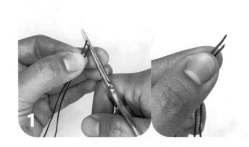

將線穿入串珠前，先把線剪成斜線狀，讓線容易穿入。

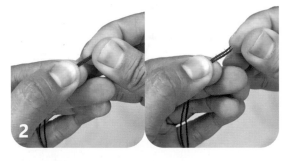

用手將線的尾端搓得集中一點。

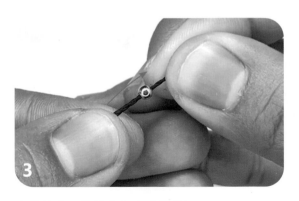
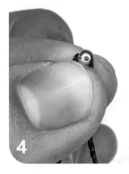

先將其中一條線穿過串珠的孔洞。

在穿入另一條線前,抓住已經穿過串珠那條線的兩端,讓串珠孔洞留出最大空間。

將另一條線的尾端稍微穿入孔洞。

將兩條線往同一個方向推,讓兩條線完全穿過串珠孔洞。

◎ 除此之外,也可以在線的尾端塗上繩結工藝的蠟,或是運用穿線工具輔助。

◎ 如果遇到孔洞特別小的原石串珠,建議選用「擴孔針(bead reamer)」等輔助工具將串珠孔徑擴大。

將作品俐落收尾

剪線前將繩結拉緊

在編完繩結、剪掉剩餘線材之前，再次將線拉得更緊，讓繩結更加穩固、避免鬆脫。

◎ 在拉線收尾時，如果把線往作品的背面方向拉，從正面就不會看到收尾處，作品完成度會更高。

提高整體的完成度

用火燒融線材收尾時，接觸到火的線材顏色可能會變深，或是出現燒融的黑印。如果收尾處看起來有瑕疵，就會降低整體的精緻度。

作品的正面 →→ 背面

在剪線前要將線拉緊、牢牢固定，此時將線往反方向拉，線的尾端就會朝向作品背面。接著再剪掉剩餘的線並收尾，作品正面就不會看到收尾處，完成度更高。

剪線時預留適當長度

剪去剩餘線材時，預留適當長度相當重要。如果太長，要燒融的線材會變多，容易讓線材在燒融時燒焦或是結成一球，導致收尾處不夠乾淨。反之，如果太短，沒有足夠的線材可以燒融黏著，就會造成繩結鬆脫。最好預留一個斜捲結的線長，或是剪刀豎著時單片刀刃寬度的線長。

打火機的應用

用打火機燒融線材時要特別注意，一不小心可能線還沒融化就先燒焦。尤其是顏色越淺的線，稍有一點燒焦就會非常明顯，務必謹慎處理。

燒融線材時，不要一口氣燒融到底，要用打火機的藍色火焰分次燒融。

在線燒融後，立刻以打火機的加熱處用力將線壓平，讓線均勻平貼在繩結上。

◎燒融的線會有如熱融膠槍的效果，緊黏在作品上，讓收尾處長時間不鬆脫。

不同的收尾方法

製作有孔圈的手環

⊙ 孔圈的製作影片

如果希望手環完全緊貼手腕，可以在手環的其中一端編出孔圈，再透過將另一邊的線尾穿過孔圈的方法來調節。這個方法不僅可以用於手環，也可活用於頸環、腳環等飾品。

‧ 製作孔圈

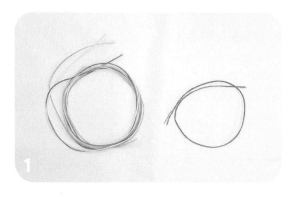

決定想要的顏色後，剪一條 30cm 的孔圈編織線。接著剪三條編織手環的線，長度必須是所需手環長度的兩倍（此處為 60cm）。

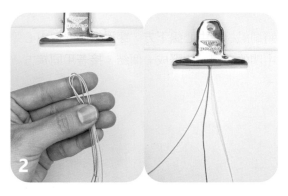

將三條 60cm 的線對折，在對折點往下約 3cm 的位置，用文具夾固定。

將 30cm 的線放置右邊，並在尾端約 7cm 處用文具夾固定。

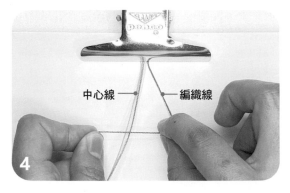

中心線 ── ── 編織線

左邊的三條長線是中心線，右邊的短線是編織線。將編織線放到三條中心線的上方。

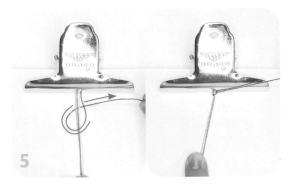

將編織線從中心線下方，穿過編織線與中心線中間的孔洞，拉緊成一個結。接著用同樣方法再做一個結。

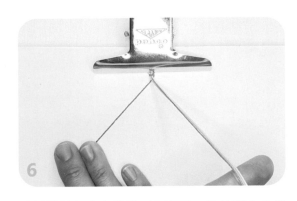

將編織線從中心線的下方穿過，改放到中心線的左側。

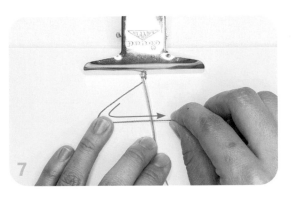

再次將編織線放到三條中心線的上方。

把手伸進孔洞中，拉出編織線的尾端，形成一個結。

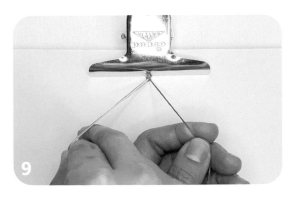

再次將中心線和編織線左右交換。重複步驟4～8，直到編出需要的長度。

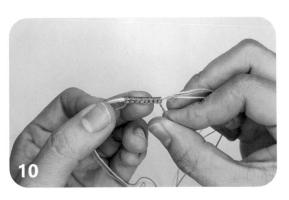

用手捏住繩結兩端的中心線，將編好的部分對折成孔圈，確認大小是否足夠。

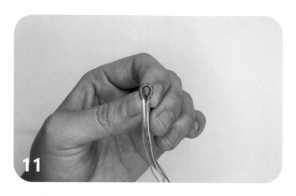

確認孔圈的繩結夠長後，便可將繩結兩端的中心線併攏。

將孔圈用文具夾固定，接著分別用兩端的編織線，在六條中心線上編織 2～3 次平結，完成調節孔圈。

❀ 平結的編法，請參照 P.56。

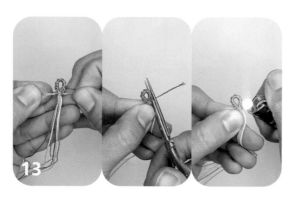

將編織孔圈的剩餘線材剪短，再燒融收尾。

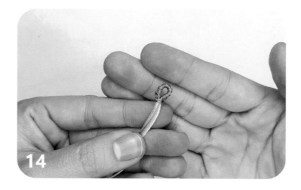

完成手環的孔圈。

· 孔圈另一端的收尾方式

打平結：確認好手腕的長度，將繩結編織至約略相等的長度後，打結收尾。

編長辮：將繩結編織到比手腕略短的長度後收尾，再用剩餘的線編一條長辮。配戴時，將長辮穿過孔圈後打結。

加入串珠：在手環尾端加入原石或木質串珠，配戴時將串珠套入孔圈固定即可。串珠必須依照孔圈的大小挑選。

以多股編收尾的手環

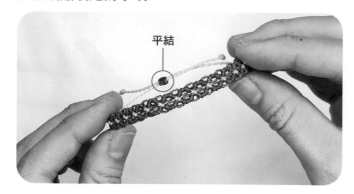

平結

用這樣的方式收尾，可以讓配戴的人自行調整繩結長度。如果製作時不知道配戴者的手圍，就非常適合使用這個方法。

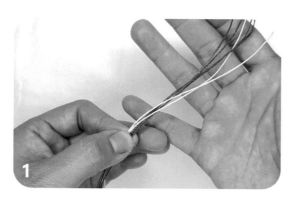

1

在製作手環前，先預留 10cm 的線，再開始編織手環的紋樣。

2

持續編織到略短於手圍的長度。

3

接著依照選擇的編法，保留兩側欲使用的線數後，將其他剩餘的線做收尾。

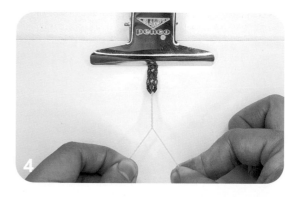

4

選擇兩股編、三股編、四股編的其中一種編法，在手環兩端各編一條長辮，約 5～7cm。

◎ 兩股編、三股編、四股編的編法，請參照 P.27。

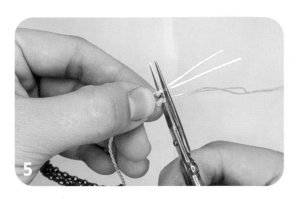

將尾端的結拉緊，剪掉剩餘的線後收尾。若
需要也可用火燒融收尾。

以開圈戒指輔助開合 C 圈

用來固定的 C 圈因為很小，要直接將開口撐開或合上都不容易。

建議搭配開圈戒指使用，就可以輕鬆地開合 C 圈。

將開圈戒指戴到手指上。

用鉗子夾住 C 圈後，把 C 圈插入開圈戒指上
大小相符的縫隙。

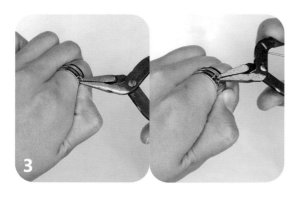

用大拇指壓緊手上的開圈戒指，接著用鉗子
扭轉 C 圈，便可將其撐開或合起。

以 基 礎 繩 結
做 出
風 格 飾 品

兩股編 | 三股編 | 四股編

多股編的繩結編織方法，
主要是用來製作線條較細的繩編手環、戒指、項鍊繩等，
或是用來做手環的收尾。
可以根據作品中使用的線材數量、設計構想，
選擇其中一種多股編來製作。

兩股編俐落腳環

這是單純使用兩股編製作的一款腳環。此作品可以混合兩種不同的線材製作，也可運用不同顏色的線加以點綴。繩編腳環的設計款式相對簡單，無論男女老少都能輕鬆駕馭，十分百搭。

 材料

0.7mm 蠟線 - 50cm、2 條

+ 如果選用較粗的線，可以製作出寬度較大的腳環。

 工具

固定板
文具夾
剪刀
打火機

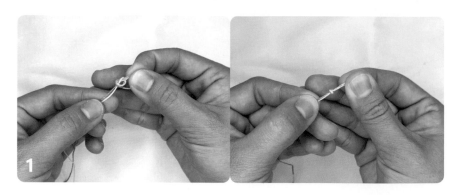

將兩條線的尾端一起打一個結。

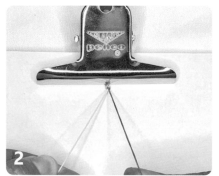

繩結上端用文具夾固定。

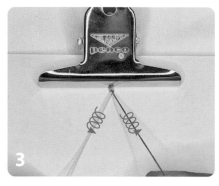

將兩條線朝同方向扭轉。假如線材本身就是由細線扭轉而成,請順著原扭轉方向扭轉。

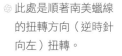

✥ 此處是順著南美蠟線的扭轉方向（逆時針向左）扭轉。

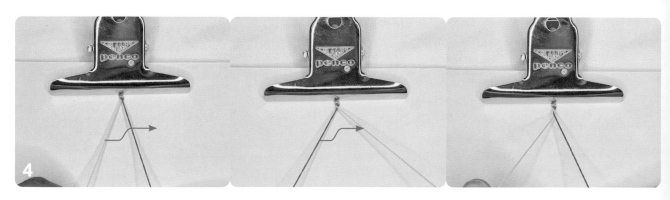

接著編織兩股編。此時要朝和步驟3相反的方向（此處為順時針向左）來編織,重複把左側線從上方橫跨過右側線的動作。

✥ 線的扭轉方向和編織方向不同,可以讓兩股編不容易鬆脫。

編織至線材的尾端後，將兩條線一起打一個結（同步驟1）。

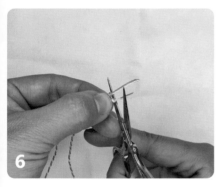

抓著兩邊收尾的繩結，再將剩餘
的線剪掉。

用火燒融繩結的尾端部分，進行
收尾。

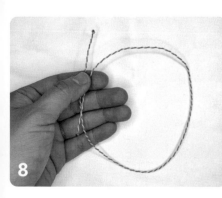

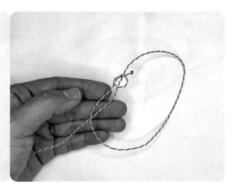

將腳環繞成圓圈形狀，並在其一尾端交疊處打一個結。

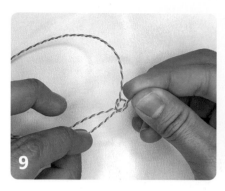

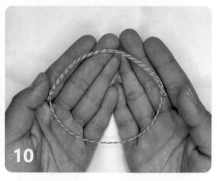

另一端交疊處也編織相同繩結。

調節至適合的長度後，即完成兩
股編俐落腳環。

三股編經典手環

三股編的繩結編織，和編頭髮辮子的方法十分類似。不僅可以
輕鬆編織出繩結，還可以自由結合三種不同顏色的線材製作，
編出充滿創意的手環。

材料

0.7mm 蠟線 - 60cm、3 條
0.7mm 蠟線 - 30cm、1 條（孔圈
顏色）

工具

固定板
文具夾
剪刀
打火機

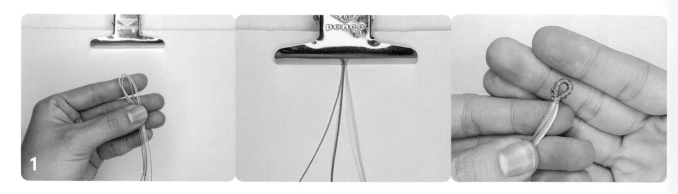

三條 60cm 的線對折，將一半的線放到固定板後面，再用文具夾固定。接著以 30cm 的線做出孔圈。

◎ 製作孔圈的方法，請參照 P.20。

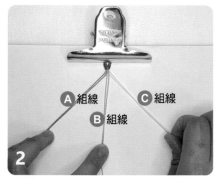

用文具夾固定住孔圈後，將顏色相同的線拉在一起，分別排好。

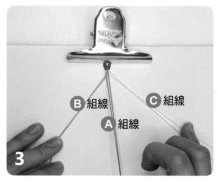

將位於最左邊的 A 組線，放到右邊的 B 組線和 C 組線之間。

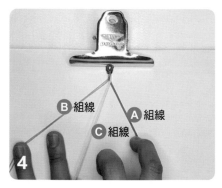

將位於最右邊的 C 組線，放到左邊的 B 組線和A 組線之間。

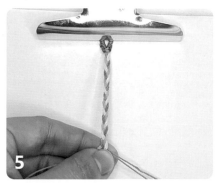

重複步驟 3～4，將繩結編到比手圍長一點。

◎ 用兩條線為一組編織繩結時，要將線整齊排好，避免彼此纏繞。

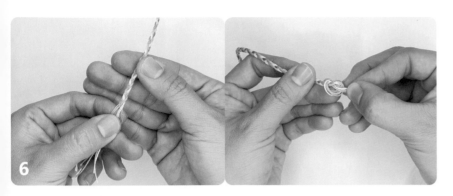

等三股編繩結編織完成後，在收尾處將六條線一起打一個結。

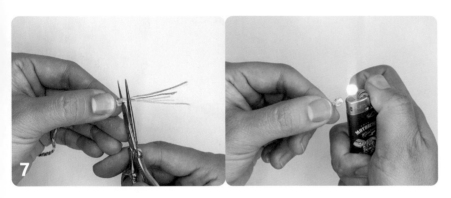

打好結後，剪掉剩餘的線，並用火燒融收尾。

將收尾繩結的尾端套入孔圈，三
股編經典手環即完成。

四股編簡約項鍊

四股編常用來製作項鍊或手環的收尾處。由於可以自由結合四種不同顏色,相當適合用來搭配簡單大方的吊墜,做出充滿亮點的頸環、項鍊。

材料

0.7mm 蠟線 - 90cm、4 條
吊墜 - 1 個

工具

固定板
文具夾
剪刀
打火機

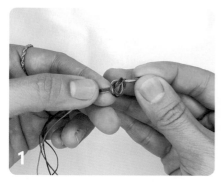

對齊四條線的尾端，打一個結。

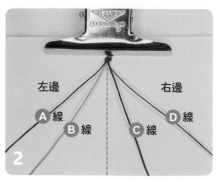

用文具夾固定打好的繩結上端，把四條線分為左邊 A、B 兩條線，右邊 C、D 兩條線。

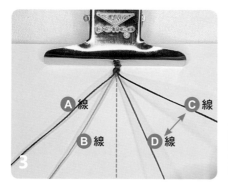

先從右邊開始編織。將右邊內側的 C 線移至外側，和 D 線互換。

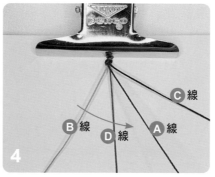

將最左邊的 A 線移動到右邊的 D 線和 C 線之間。

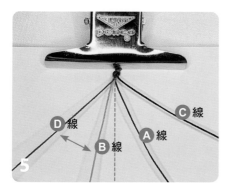

接著反過來，將右邊內側的 D 線移至外側，和 B 線對調。

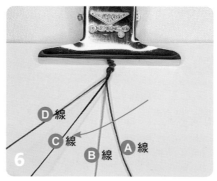

將最右邊的 C 線移到左邊的 D 線和 B 線之間。

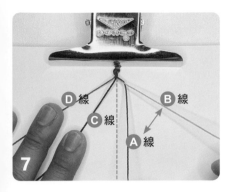

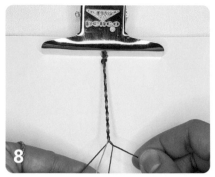

重複步驟 3～6，繼續編織下去。

持續編織四股編，直到線材所剩不多為止。

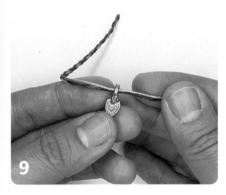

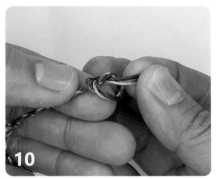

在繩結尾端打結前，將編繩穿過吊墜孔洞，串入吊墜。

將繩結尾端拉成一個結。

打結後，剪掉兩邊尾端的剩餘線材，再用打火機燒融做收尾。

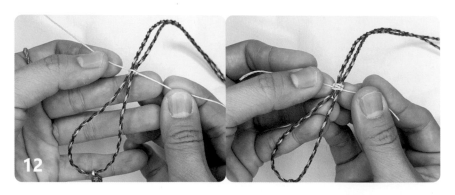

將兩邊交疊並抓住後，用剩餘的線做出可以調節長度的平結。把四股編的線當作中心線，剩餘的線當作編織線，編織 3 次以上的平結。

◎ 平結的編法，請參照 P.56。

待平結編織完成後，剪掉剩餘線材，用火燒融做收尾。

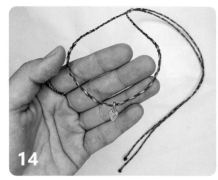

四股編簡約項鍊即完成。

◎ 如果線材太長，編織時容易纏繞，建議隨時整理，避免線材糾結。

蛇結

這個繩結是用兩條線編織成左右對稱的圓。
完成時，兩條線會呈現上下彼此交錯的樣子。

百搭蛇結戒指

因為韓國電影《愛上變身情人》，蛇結編織戒指變得相當有名。簡單運用兩條線，也能製作出具有寬度、線條平滑的線戒。蛇結戒指可以依照喜好混合兩種不同顏色的線材，也可添加單顆或多顆串珠，造型變化相當多元。

材料

1mm 蠟線 - 40cm、2 條
串珠 - 1 顆

工具

固定板
文具夾
剪刀
打火機

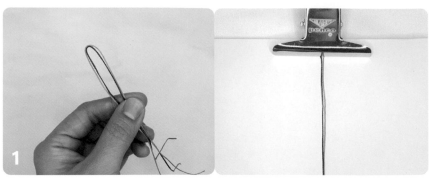

將兩條 40cm 的線對折，分別放到固定板前後，並用文具夾固定。

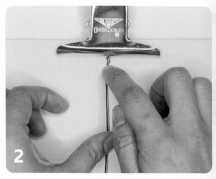

將兩條線穿過串珠孔洞後，把串珠推到頂端的線材對折處。

蛇結編織

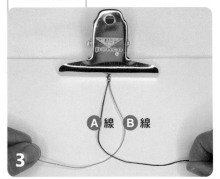

將左邊的 A 線和右邊的 B 線交換位置，呈現交叉的 X 形。此時 A 線在上、B 線在下。

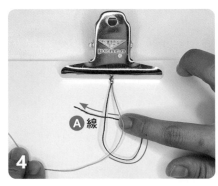

將 A 線的尾端穿過 B 線的下方，在 B 線的右邊繞出一個圓圈。

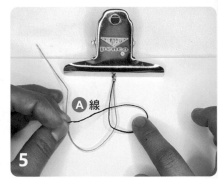

用左手抓住 A 線尾端。

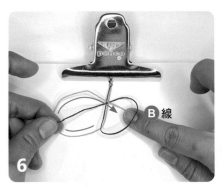

維持這個狀態，用右手將 B 線從 A 線下方，繞過中間兩條線的上方，穿過右邊的圓圈中。

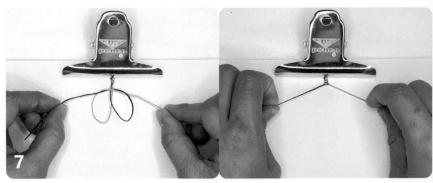

兩手抓住線的尾端同時拉緊。此時注意兩手的施力要一致，拉緊後繩結形狀才會平均。

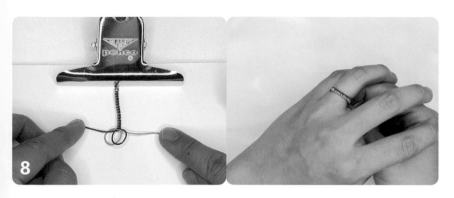

重複步驟3~7，直到編織的繩結長度達到指圍一半。

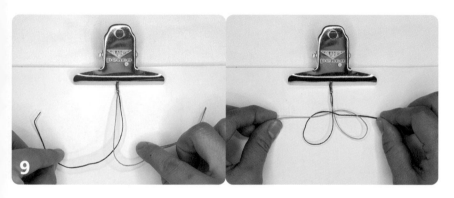

將固定板前後的線對調，從另一端繼續編繩結，直到符合指圍長度。

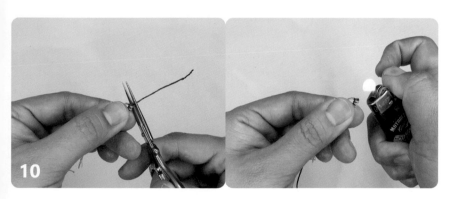

兩邊的尾端各留下一條線，把剩餘的線剪掉後燒融收尾。

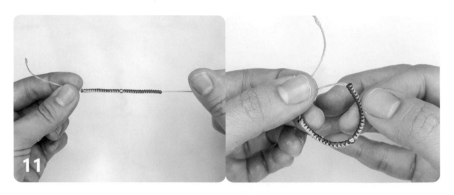

將線整理好後，把繩結部分環繞成圓圈後抓住。

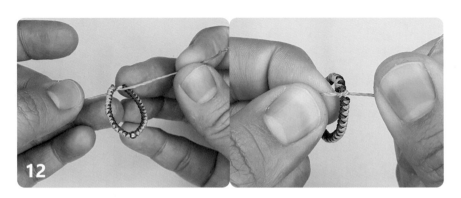

將兩邊尾端的線打兩次結做固定。

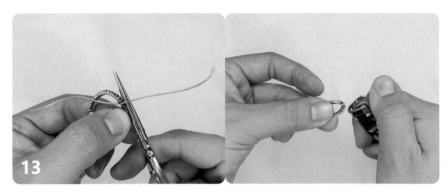

打結後，將剩餘的線用火燒融進行收尾整理。

百搭蛇結戒指即完成。

左右結

左右結屬於西方繩結工藝的一種，
此繩結編織方式是用兩條線輪流相互編織而成，
是相當常見且好上手的基礎編織技法。

時尚銀珠線戒

這是一款運用左右結編織出來的戒指。繩結編織的方法本身很簡單，初學者可以立刻上手，所需的製作時間也不長，適合各種不同的組合方式。佩戴時，獨特的繩結紋樣深具魅力。

 材料

0.7mm 蠟線 - 40cm、2 條

3mm 銀珠 - 1 顆

 工具

固定板
文具夾
剪刀
打火機

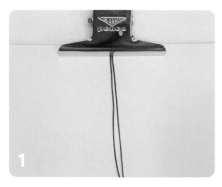

將兩條 40cm 的線對折，分別放到固定板前後，並將其固定。

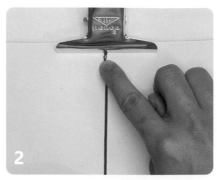

將兩條線穿過銀珠孔洞後，把銀珠推到頂端。

左右結編織

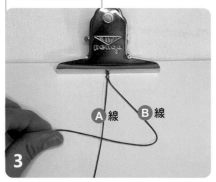

首先將右邊的 B 線放置在左邊的 A 線上方。

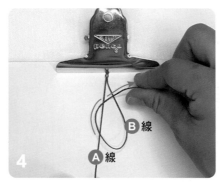

將 B 線尾端穿過 A、B 兩線中間的圓圈後，打一個結，讓 B 線繞在 A 線上。

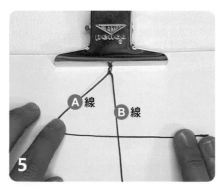

接著改將左邊的 A 線放到右邊的 B 線上方。

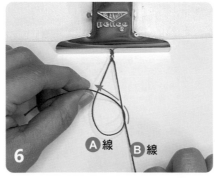

將 A 線尾端穿過 A、B 兩線中間的圓圈後，打一個結，讓 A 線繞在 B 線上。

7

重複步驟3～6，接續編織下去。

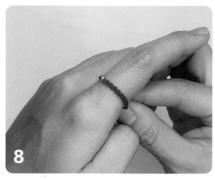

8

編到長度約達指圍一半後，將固定板前後的線對調，再次用文具夾固定。

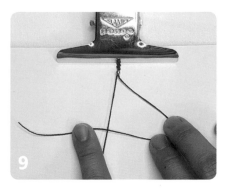

9

繼續以左右結編織銀珠另一端的繩結。

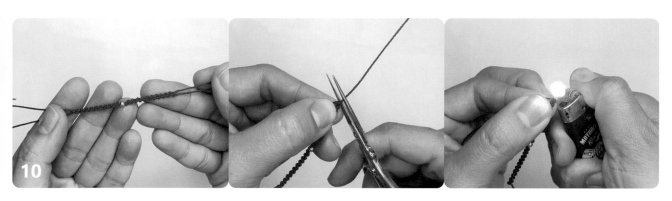

10

編織到繩結長度等同於指圍後，剪掉兩邊各一條線，燒融收尾。

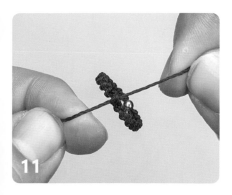

11

將兩邊剩餘的線材相互打兩次結做固定。

將繩結拉緊後,剪掉多餘的線材
並收尾。

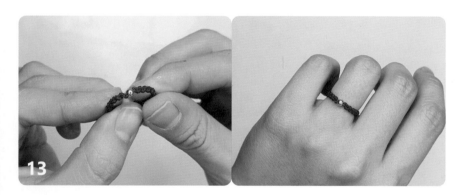

時尚銀珠線戒即完成。

平結

曾經在生活中看過加入吊墜的繩結手環嗎？
如果有看過，那很大可能是運用平結編織出來的手環。
因為在各種繩結手環中，最常使用的繩結就是平結。
平結的編法相當簡單，而且只要變換不同的吊墜或線材，
就能做出氛圍百變、風格多元的飾品。
想要在飾品上編出調節長度的孔圈時，也會經常使用平結。
平結的多用性與俐落魅力，相當適合繩結編織的初學者。

[平結教學]

1

將兩條中心線放置在兩條編織線之間，並使用文具夾固定。

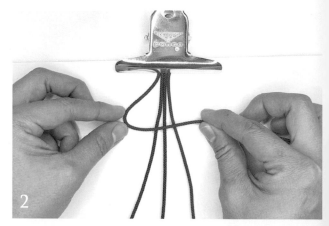

2

首先把左邊的編織線放在兩條中心線的上方，繞出數字「4」的形狀。

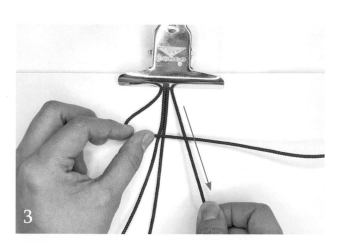

3

右邊編織線放到左邊編織線的上方，並向下拉直。

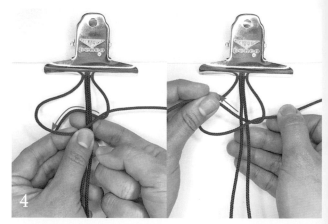

4

將右邊的編織線穿過兩條中心線的下方，接著由後往前，從左邊的孔洞穿出。

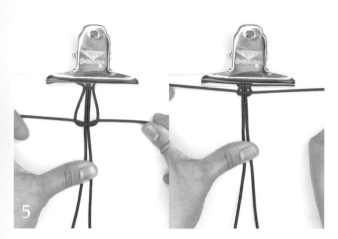

用一手大拇指壓住中心線後，以相同力道同時拉動兩邊的編織線。

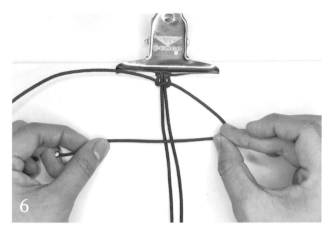

接著往相反方向編織繩結。將右邊的編織線放到兩條中心線上方，繞出相反的數字「4」。

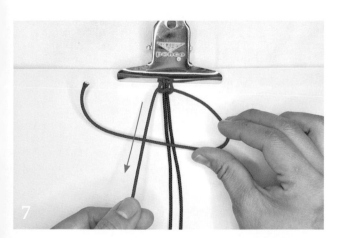

左邊編織線放到右邊編織線的上方，並向下拉直。

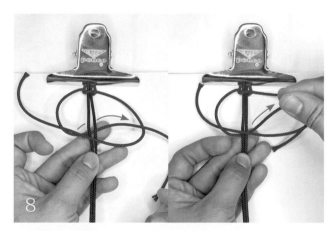

將左邊的編織線穿過兩條中心線的下方，接著由後往前，從右邊的孔洞穿出。

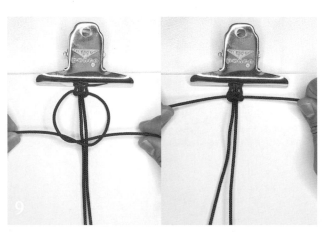

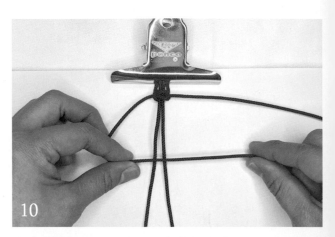

一手大拇指壓住中心線後，以相同力道同時拉緊兩邊的編織線。

完成步驟 2～9，即為一次完整的平結。

快速分辨平結的繩結方向

平結是由一左一右的規律編織而成，所以如果沒有一次編完，
重新開始時可能會搞混，忘記接下來要編哪一邊。
因此，這裡要向大家介紹一個簡單有效的分辨方法。

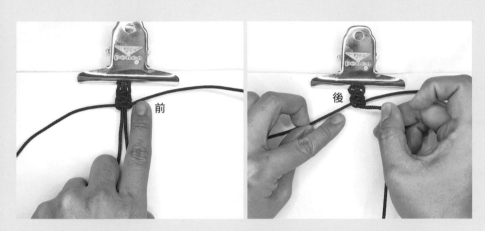

觀察平結的兩條編織線，可以看到其中一條從繩結前側穿出來，另一條
從繩結後側穿出來。

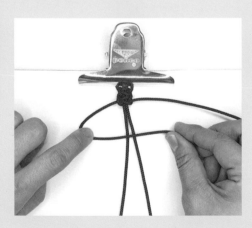

從繩結後側穿出來的，便是接下來要繞出數字「4」的線。

旋轉平結的編法

旋轉平結的繩結，會朝同方向旋轉成漂亮的螺旋狀。
編織方法和平結沒有太大差異，
只要不斷重複單一方向的平結（P.56 步驟 2～5），
就能做出旋轉的平結。

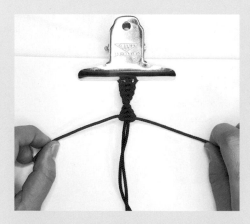

旋轉平結的編織重點，在於重複單
一的平結，並且一邊編織旋轉。不
斷將正在編織的平坦面轉到正面，
才能編出平均旋轉的美麗形狀。

木質串珠戒指

這是一款線條簡單俐落又魅力十足的平結編織戒指。繩結編織的質感相當適合搭配木質串珠，散發出溫暖且寧靜的氛圍。只需運用基本的平結編法就可以完成，連初學者也可以做出完成度極高的成品。

 ## 材料

0.7mm 蠟線 - 20cm、2 條
0.7mm 蠟線 - 90cm、1 條
3mm 木質串珠 - 1 顆

+ 初練習時，建議長蠟線和短蠟線分別用
  兩種不同顏色來區分。較長的線是編織
  線，也是戒指的主要顏色。

 ## 工具

固定板
文具夾
剪刀
打火機

 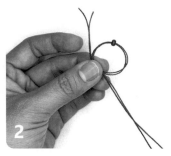

準備兩條 20cm 的線，穿過木質串珠的孔洞。

將線繞成圓圈，用手指抓住交疊處後，以此當做中心線。

◎ 繞圈時其中一端的線留短一點，並將較長那端放到下方。

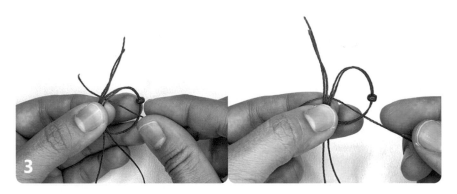

將 90cm 的長線穿過圓圈，放到中心線的下方。

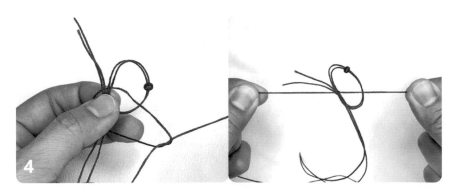

將 90cm 長線的中間點放在中心線上，打一個結。

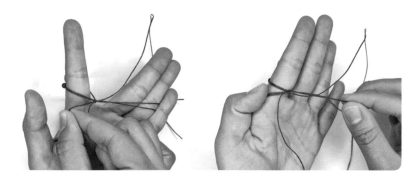

5

將圓圈套入手指，拉動中心線兩端，調整圓圈至略大於指圍的大小。

◎ 編完繩結後圓圈空間會稍微縮減，所以調整大小時，要先預留一些空間。

6

將長線當編織線、繞圈後交疊的四條線當中心線，開始編織平結。

◎ 平結的編法，請參照 P.56。

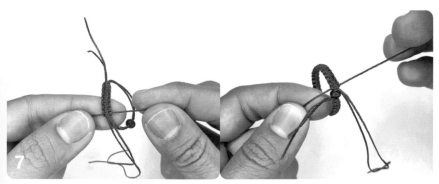

7

繼續編織平結，直到完全覆蓋所有中心線。

◎ 四條中心線從頭到尾都是同樣的四條線，注意不要和其他線弄混了。

8

完成後將中心線收尾。預留少許線長後（約同剪刀尖端單片刀刃寬），其餘剪掉。

將線裁剪後，用火燒融做收尾。

⊚收尾時要將其他線抓緊，以避免燒
　到。請用打火機的藍色火焰分次燒
　融，小心燒焦。

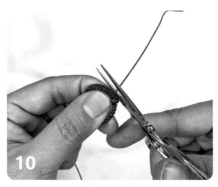

接著將編織線收尾。若想遮蓋住
中心線的燒融處，可先編織 1～2
次平結後，再進行收尾。

木質串珠戒指即完成。

原石繩結手環

這是一款結合原石製作的旋轉平結手環。原石、串珠和繩結彼此風格和諧,且散發出精緻質感氛圍,是在任何場合都適合配戴的繩結手環。

材料

0.7mm 蠟線 - 45cm、2 條
0.7mm 蠟線 - 80cm、2 條
6mm 原石串珠 - 1 顆
3mm 串珠 - 2 顆

工具

固定板
文具夾
剪刀
打火機

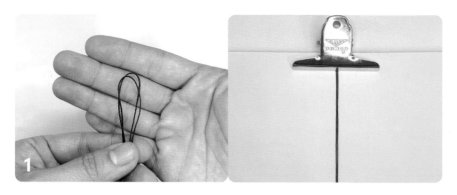

將兩條 45cm 的線對折，一半放到固定板後，再用文具夾固定在比對折處略上面的位置。

將兩條線穿過 6mm 原石串珠的孔洞，並推到兩條線的對折處。
☺ 穿入串珠的方法，請參照 P.16。

在原石串珠的兩邊各編兩次左右結，將原石串珠固定在對折處。
☺ 左右結的編法，請參照 P.52。

完成後，將兩條線穿過小串珠，同樣推到最頂端。

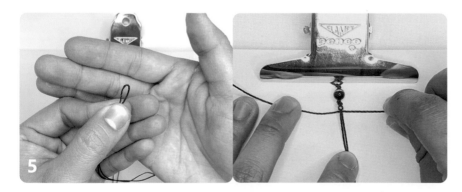

接著編織旋轉平結。先將 80cm 的線對折出中間點，再將中間點放到步驟 4 穿好串珠的兩條線下方。

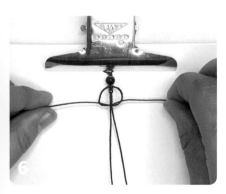

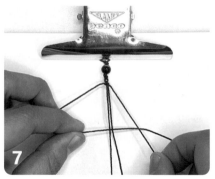

6　在 80cm 線材的中間點打結。

7　將外側兩條線當編織線，中間兩
條線當中心線，編織旋轉平結。
　◎ 旋轉平結的編法，請參照 P.60。

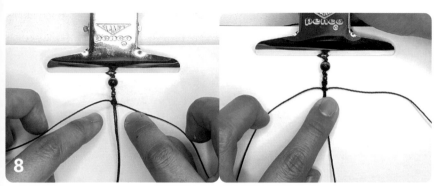

8　旋轉平結會呈螺旋狀。在編織 5 次平結後，接下來要不斷將繩結
的平坦面轉到正面，重新用文具夾固定再繼續編織。

9　繼續編織至略長於手圍四分之一
的長度。

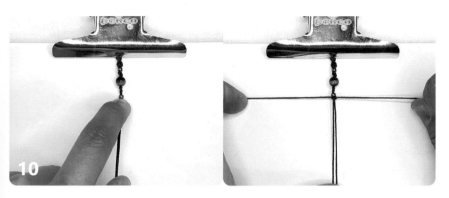

10　將固定板前後的線互換，同樣穿入小串珠後，編織旋轉平結。

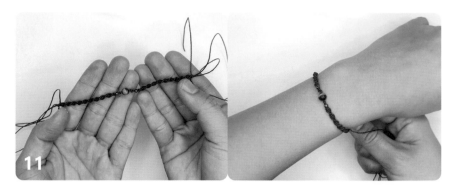

繼續編織到繩結部分約為手圍的一半（長度可依照個人喜好調整）。

編織完成後，整理並剪掉剩餘的編織線。

◎ 在剪線前，再次將繩結牢牢拉緊，並在收尾過程中避免繩結鬆脫。

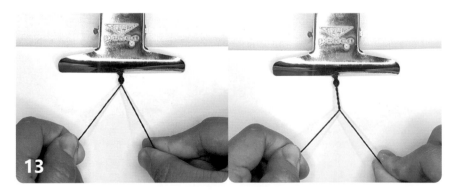

將兩條中心線編織成兩股編，並編至手環所需長度。

◎ 兩股編的編法，請參照 P.30。

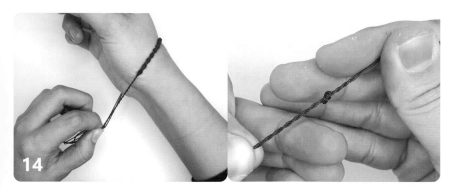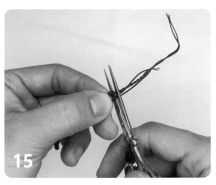

接著調整手環長度，以手的最寬處可以完全套入為基準。在兩邊尾端各打一個結。

剪掉剩餘的線材進行整理。

接著要做調整長度的繩結。先將手環繞成圓圈並抓住。

取一條剩餘的線，讓兩股編的交疊處在此線的中間點，然後打一個結。

將剩餘的線當編織線、兩條兩股
編當中心線，編至少 3 次平結。

◎ 平結的編法，請參照 P.56。

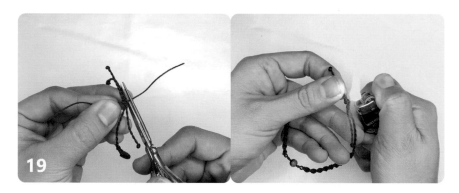

編織完成後，剪掉剩餘的線材，用火燒融收尾。

原石繩結手環即完成。

斜捲結

斜捲結是最常見也最常使用的編織方法。
單是運用這一種繩結，就可以變換無窮無盡的編織紋路。
深具魅力的斜捲結，初接觸時可能會有點困難陌生，
不過只要學會且熟悉之後，接下來僅僅是改變繩結順序，
就可以創作出多樣化的美麗作品。

[斜捲結教學]

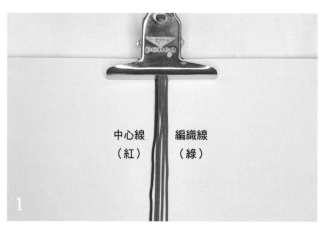

中心線 編織線
（紅） （綠）

1

準備一條中心線和四條編織線。中心線在最左邊，並將所有線材用文具夾固定。

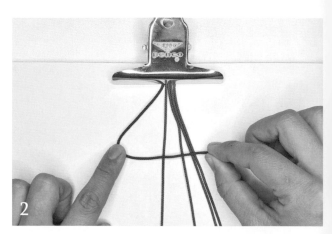

2

依序處理由左到右的編織線。首先將中心線放在編織線的上方，形成「4」的形成。

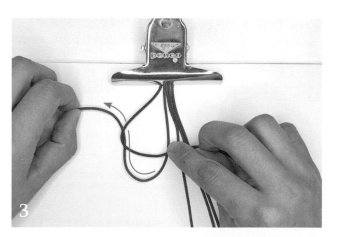

3

將第一條編織線由前往後穿過中心線繞出的圈。

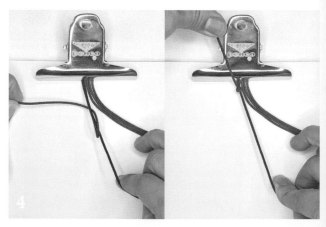

4

先將中心線拉直，再把編織線向上拉緊。
TIP 拉緊時，編織線與中心線分別往反方向拉動。

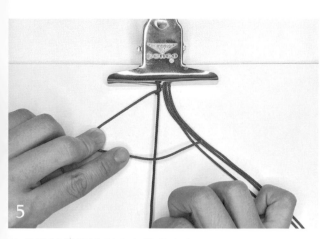

接著將編織線放到中心線的上方。

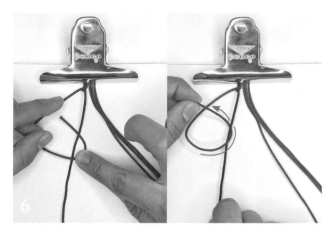

將編織線由上往下繞中心線一圈後,從圈中穿出。

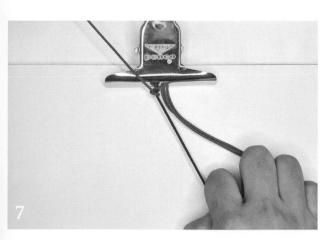

將中心線往右下拉直,再往左上拉緊編織線,即完成一個斜捲結。

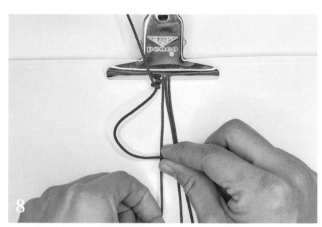

其餘三條編織線也重複步驟 2～7,繼續編織。

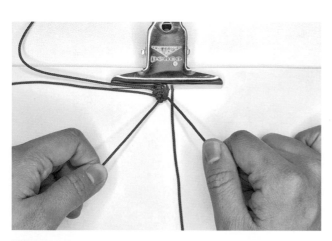

TIP 假如拉編織線的力道大於拉中心線，繩結就會歪斜，所以
要編得好看，就必須在編織的同時注意整體形狀。

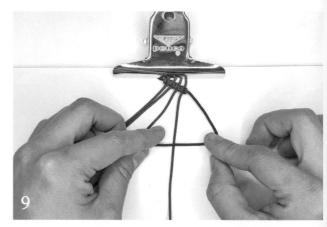

依序編完所有編織線後，中心線會變成在右側，接
著重複同樣的編法，改從右到左依序編織。

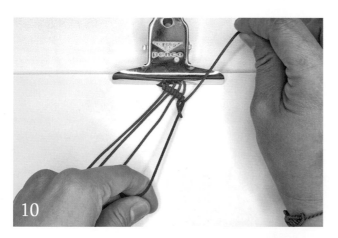

將編織線由上往下繞中心線一圈後，從圈中穿出。
接著編織線往右上、中心線往左下，拉成一個結。

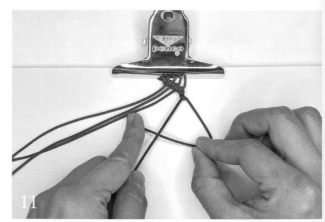

將編織線放到中心線的上方。

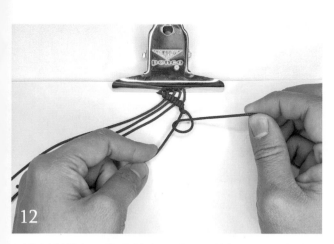

12

再將編織線從下往上繞中心線一圈後拉緊，即完成
一個斜捲結。

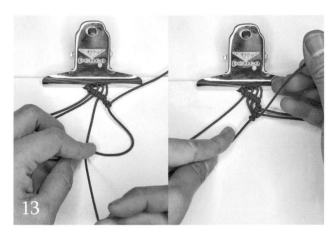

13

從右到左依序以編織線編斜捲結，充分練習。

獨特波紋腳環

這款紋樣的靈感來自水面上隨風擺盪的波紋。製作過程中,需要輪流朝不同方向編斜捲結,相當適合用來練習斜捲結的編法。波紋會按照編織順序呈現,可以隨喜好組合顏色,也可加入串珠點綴。即使編法相同,仍可運用不同色彩、材質,演繹出多變風格。

 材料

0.7mm 蠟線 - 80cm、7 條（中心線 1 條、編織線 3 種顏色各 2 條）

3 mm 串珠 - 數顆

+ 編織線的數量可依據想要的腳環寬度調整。如果想做出更寬的腳環,可以增加編織線的條數;如果偏好較窄版,則減少編織線的條數。

+ 初學者可以用不同顏色區分中心線和編織線,以避免混淆。編好後,編織線會覆蓋住中心線,所以就算使用不同顏色的線,仍可做出預期顏色的成品。

 工具

固定板
文具夾
剪刀
打火機

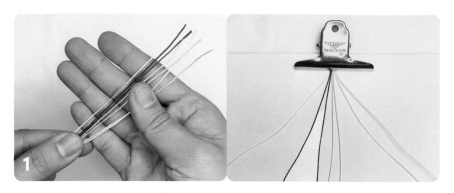

準備一條中心線和六條編織線，將中心線放在最左邊。全部的線對齊
後，用文具夾固定在約 10cm 處。

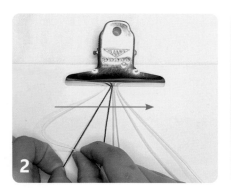

從左到右依序用編織線在中心線
上編斜捲結。

🌀斜捲結的編法，請參照 P.76。

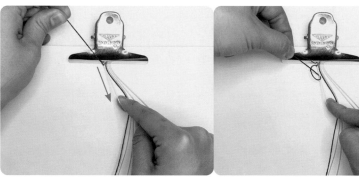

🌀必須先將中心線拉直後，再拉緊編織線打結，這樣繩結才不會扭曲變形。

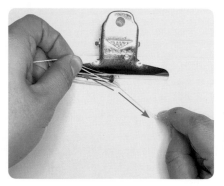

🌀編織線必須和中心線完全平行且朝反
　方向拉動。這樣不需費力也可以編織
　得十分牢固。

【想讓波紋密集時】　　　　　　【想讓波紋平緩時】

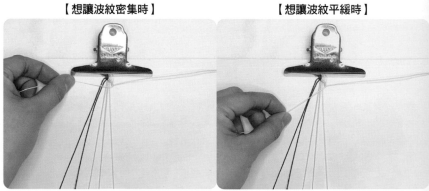

🌀編織繩結時，可以運用中心線的角度，決定編織出的波紋是平緩或密集。

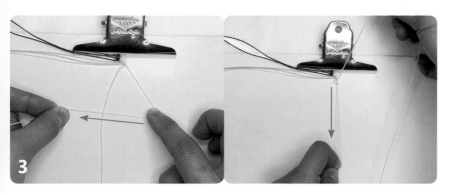

依序編完編織線後，中心線位於
右側，改從右到左編出斜捲結。

◎ 如果想讓手環的曲線更流暢，請在改
　變方向、編織第一條編織線時，將中
　心線向下拉垂直，再開始編織。

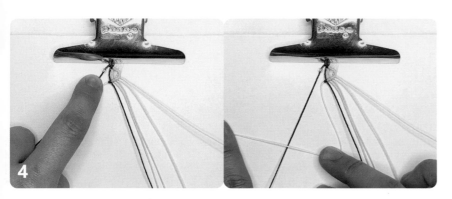

在處理最後一條編織線前，先在編織線上穿一顆串珠並推到頂端，再
繼續編斜捲結。

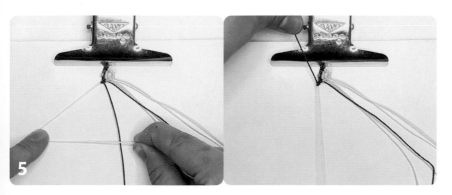

重複步驟 2～4，直至紋樣長度超過腳圍一半（波紋的長度可依個人喜
好調整）。

Q&A

Q. 繩結不太牢固，有點鬆散或凹凸不平怎麼辦？

A. 斜捲結的編法分成兩階段。編完第一階段後，如果立刻進入第二階段，一開始編好的繩結有可能會鬆脫。

編織完第一階段的繩結後，我會先將編織線繞在小拇指上，讓編織線維持緊繃拉平的狀態，再繼續第二階段。

這麼一來，在第二階段的編織過程中，前面的繩結就不會鬆掉，可以編得牢固又俐落。

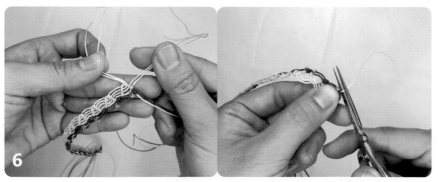

編完腳環的波紋部分後，兩端各保留中間的兩條線，其餘剪掉。

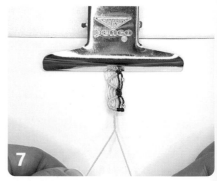

將兩端分別編出兩股編。
◎ 兩股編的編法，請參照 P.30。

編到腳環長度可以完全套入腳踝後，在尾端打一個結。可依照個人喜好決定是否要加串珠。

剪掉剩餘的線後收尾。

將腳環繞圈後，抓住交疊的兩股編部分，用剩餘的線（約 10cm）在上面編織平結，做出可以調節長度的繩結。

◎ 平結的編法，請參照 P.56。

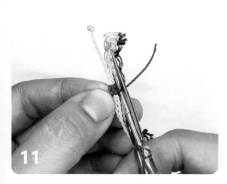

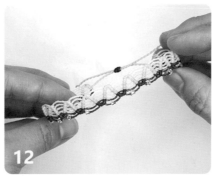

完成平結後，將剩下的線收尾。

獨特波紋腳環即完成。

Q&A

Q. 為什麼編出來的波紋形狀都不一樣？

A. 編織繩結時，盡可能讓中心線維持同樣角度，就能編出形狀一致的繩結，這個動作只要熟練後就會變成習慣，不需要刻意費心。不過，其實真正的大海波浪紋路也都不一樣，所以即使編出的形狀不同，也是很美麗的作品。

質感斜紋手環

質感斜紋手環是一款非常適合用來練習斜捲結編法的手環。只需要不斷重複編織此種繩結，就能獲得一條緊密細緻、平整俐落的編織作品。可依照個人喜好的手環寬度來調整線材數量。

 材料

0.7mm 蠟線 - 80cm、8 條

+ 準備 4 種顏色的線材，每種顏色的線材各 2 條。

 工具

固定板
文具夾
剪刀
打火機

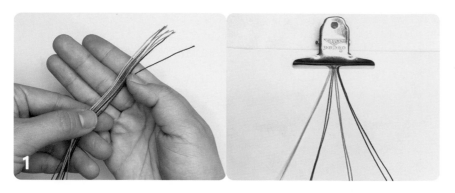

將全部的線預留約 10cm 後，用文具夾固定。線材的順序依照喜好排列即可。

◎ 線材的順序會成為斜線紋樣的順序。

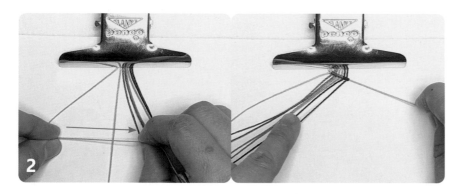

將左邊的線當作中心線，從左到右依序編出斜捲結。

◎ 斜捲結的編法，請參照 P.76。

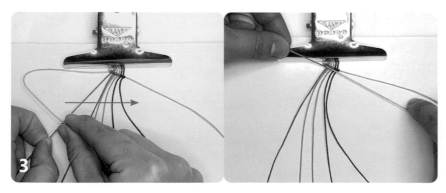

編好後，再次將左邊的線當中心線，從左到右依序編斜捲結。

◎ 在原本的斜捲結編法中，中心線是固定同一條線，但此處則是一直用左邊的線當中心線，所以不會是同一條線。

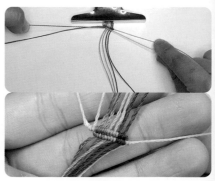

◎ 製作重點：為了編織出間隔緊密細緻的繩結，在拉中心線時，要和前一段的中心線朝同方向拉動。

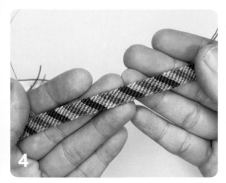 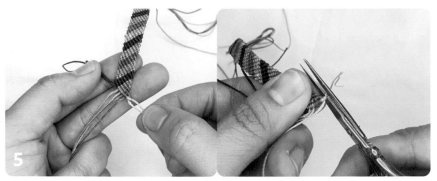

繼續編織繩結，直至長度可以包覆手圍的一半以上。

編織完紋樣部分後，保留中間四條線，其餘剪裁後用火燒融收尾。

◎ 調節長度的繩結，也可依個人喜好改用兩股編或三股編。

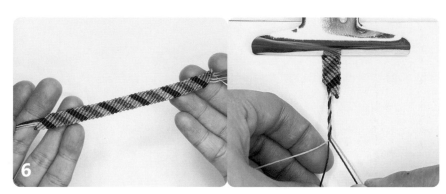 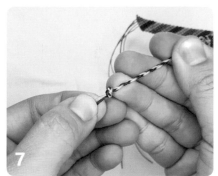

整理後，用此四條線編織四股編。

◎ 四股編的編法，請參照 P.40。

編至長度可以讓手腕完全套入，接著在尾端處打結。

剪去剩下的線材後，用火燒融並收尾。

將手環繞成圓圈，並抓住交疊的四股編，用剩餘的線在上面編出可調節長度的平結。建議平結至少編織 3 次以上。

◎ 平結的編法，請參照 P.56。

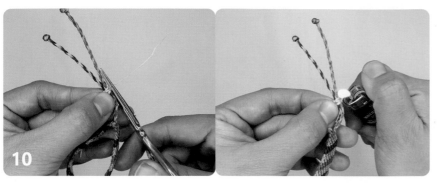
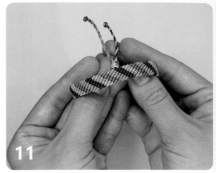

完成平結後，剪掉剩下的線並收尾。

質感斜紋手環即完成。

Q&A

Q. 編織完的手環斜紋不平整，整條手環彎彎曲曲的，該怎麼辦？

A. 因為在編織時，都是朝著同一方向施力，所以自然會有點彎曲。

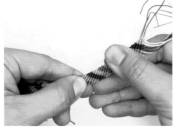

不過不需要擔心，只要用手輕輕壓平、攤開，就會變成漂亮又平整的形狀。

輪結

輪結是西方常用的一種經典繩結，
將一條線不斷圍繞數條中心線而成。
這種編法的繩結尾端會順著中心線旋轉，
只要持續編織下去，
就能呈現漂亮的螺旋狀紋樣。

木質串珠螺旋腳環

這是一款加入木質串珠一同編織而成的螺旋腳環。簡單率性的夏季風格中，經常使用輪結來製作手環和腳環。如果在編織過程中，更換編織線，就能為腳環增添不同的顏色變化。

材料

0.7mm 蠟線 - 40cm、2 條
0.7mm 蠟線 - 60cm、2 條
8mm 木質串珠 - 1 顆
3mm 木質串珠 - 2 顆

工具

固定板
文具夾
剪刀
打火機

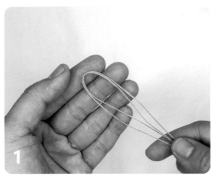

1

將兩條 40cm 的線對折，分別放到固定板前後，用文具夾固定。

2

將兩條線穿過 8mm 木質串珠的孔洞後，將串珠推至頂端。

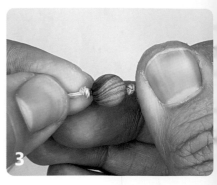

3

在串珠左右兩邊各打一個結，將串珠固定在線的中間處。

4

接著在串珠的左右兩邊，再各加上一顆 3mm 小串珠後，將此線當中心線。

編織線　　中心線

5

在左邊用文具夾固定住另一條 60cm 線的尾端，當編織線。

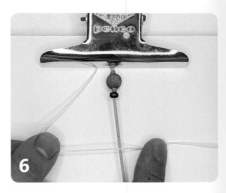

6

將編織線放到中心線的上方。

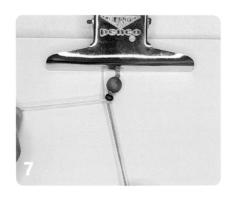

7

把手伸進孔洞中拉出編織線打結，接著以同方式再打一個結。

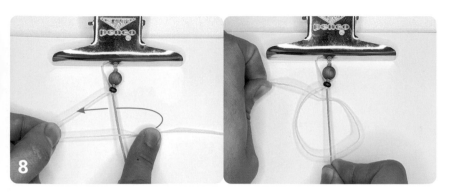

重複步驟 6～7，接續編織下去。

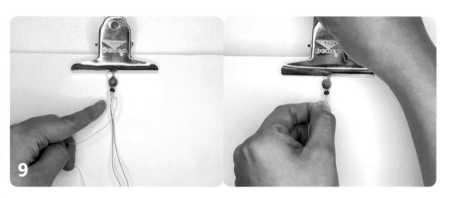

輪結和旋轉平結一樣會朝同方向旋轉，所以每編織一段時間就要旋轉
繩結的正面，重新夾住固定。

編織到至少超過腳圍四分之一的長度（可依個人喜好調整）後，將木
質串珠前後的線對調，再次編織輪結至所需長度。

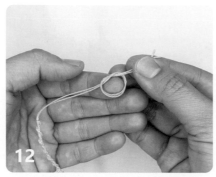

完成後，剪掉編織線的開頭和尾端，用火燒融並進行整理。

◎「將作品俐落收尾」，請參照 P.18。

將腳環兩端的線，留下足夠讓腳踝完全套入的長度後，在尾端打一個結。

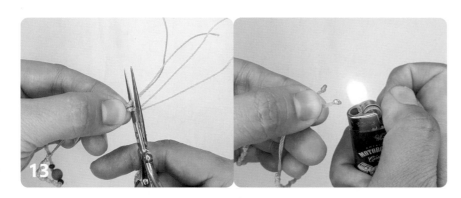

將剩餘的線剪掉並進行收尾。

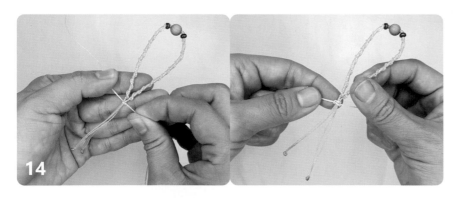

抓住腳環兩邊的尾端，用剩餘的線做出可以調節長度的平結。

◎平結的編法，請參照 P.56。

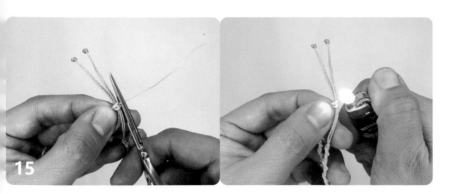

完成後，剪掉剩下的線並收尾。

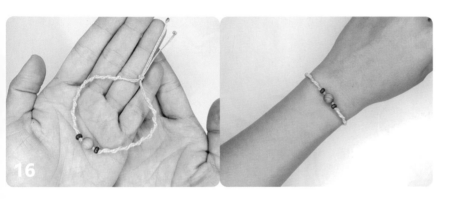

木質串珠螺旋腳環即完成。

第三章

活用繩結
編織
獨特造型

以斜捲結做出多樣造型

我們將試著應用斜捲結編織出豐富作品。
斜捲結只要改變方向，就可以做出多樣化的紋路，
不過對於還不熟悉的人來說，變換編織方向很容易混淆，
因此在實際開始編織之前，
我們先花些時間來練習不同方向的斜捲結編法吧！

[橫向編織]

・左邊 → 右邊

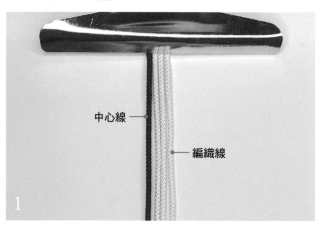

中心線
編織線

1

將中心線放在最左邊，和多條編織線一起用文具夾
固定。

2

將中心線放到編織線的上方，開始編織繩結。

向左拉　　向右拉

3

將編織線尾端由外往內穿過孔洞，圍繞中心線後拉
緊，在中心線上編出第一個繩結。

TIP 拉線時，中心線平行地向右拉動，編織線則朝編織的反方
向、向左拉動。

4

將剛剛編好的編織線放到中心線的上方。

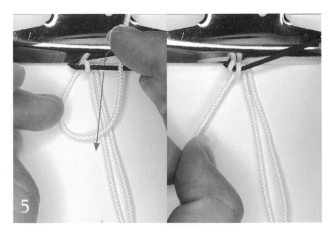

5

將編織線尾端穿過孔洞後拉出，圍繞中心線編出第二個繩結。

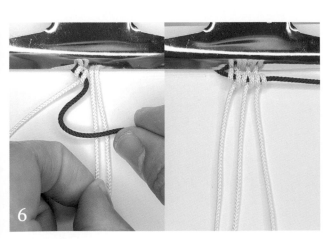

6

重複步驟 2～5，依「左邊→右邊」的方向接續編織繩結。

• 左邊 ← 右邊

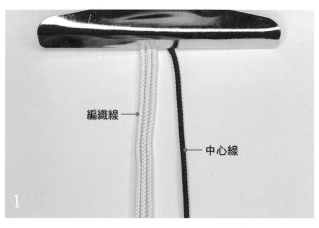

編織線

中心線

將中心線放在最右邊，和多條編織線一起用文具夾
固定。

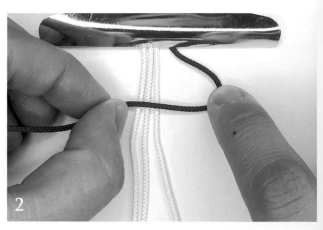

將中心線放到編織線的上方，開始編織繩結。

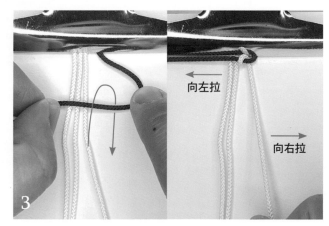

向左拉

向右拉

將編織線尾端由外往內穿入孔洞，圍繞中心線後拉
緊，在中心線上編出第一個繩結。

TIP 拉線時，中心線平行地向左拉動，編織線則朝繩結編織的
反方向、向右拉動。

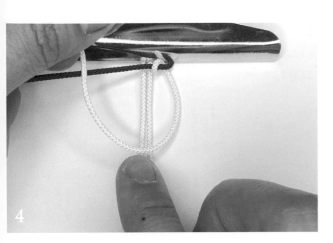

4

將剛剛編好的編織線放到中心線的上方。

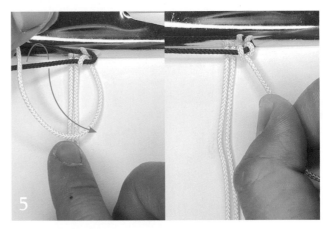

5

將編織線尾端由內往外穿出孔洞後拉出，圍繞中心線編出第二個繩結。

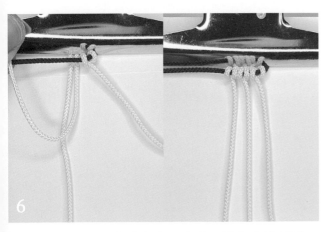

6

重複步驟 2～5，依「左邊←右邊」的方向接續編織繩結。

［ 直向編織 ］

・左邊 → 右邊

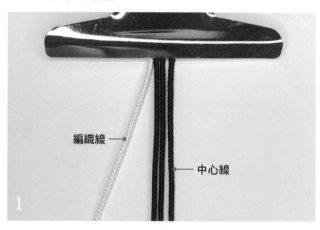

1

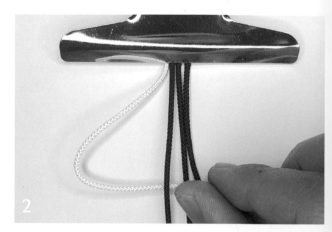

2

將一條編織線放在多條中心線的左邊，一起用文具
夾固定。

將第一條中心線放到編織線上方，開始編織繩結。

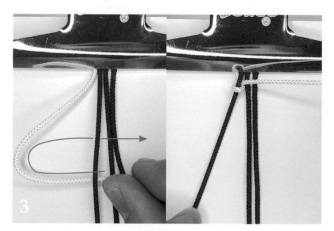

3

將編織線尾端由外往內穿入孔洞，圍繞中心線一圈
後拉緊，在中心線上打一個結。

TIP 拉線時，中心線朝著垂直方向拉動，編織線則朝著繩結編
織的反方向、向右拉動。

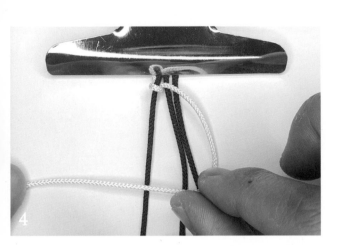

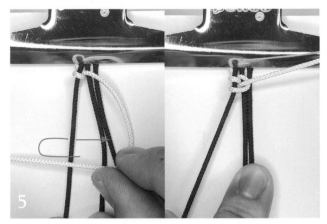

將編織線放到中心線的上方。

將編織線尾端由內往外穿出孔洞後，圍繞中心線拉成第二個結。

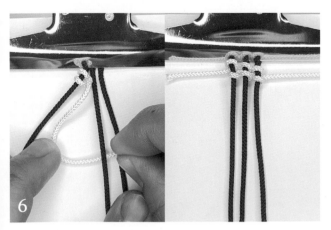

重複步驟 2～5，依「左邊→右邊」的方向接續編織繩結。

・左邊 ← 右邊

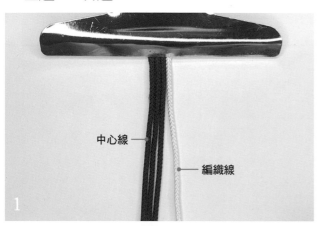

中心線

編織線

1

將一條編織線放在多條中心線的右邊,一起用文具
夾固定。

2

將第一條中心線放到編織線上方,開始編織繩結。

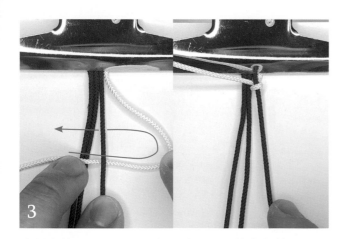

3

將編織線尾端由外往內穿入孔洞,圍繞中心線一圈
後拉緊,在中心線上打一個結。

TIP 拉線時,中心線朝垂直方向拉動,編織線則朝繩結編織的
反方向、向左拉動。

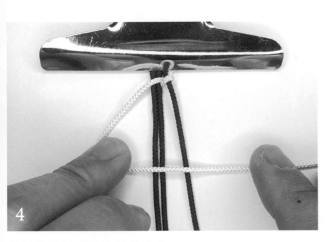

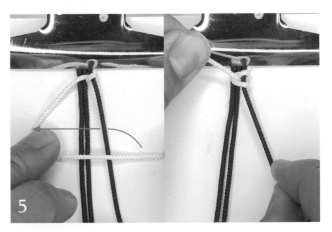

將編織線放到中心線的上方。

將編織線尾端由內往外穿出孔洞後，圍繞中心線拉成第二個結。

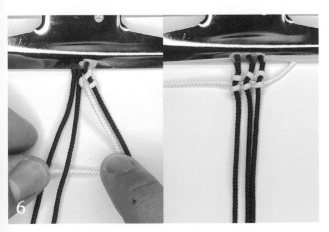

重複步驟 2～5，依「左邊←右邊」的方向接續編織繩結。

V 字繩結原石手環

〜〜〜〜〜〜〜〜

這是一款用線材包覆原石串珠，並在兩側編織緊密細緻的 V 字繩結而做成的手環。造型設計深具魅力，線條美感會讓人聯想到簡潔俐落的手錶。

材料

0.7mm 蠟線 - 80cm、8 條
8mm 原石串珠 - 1 顆

工具

固定板
文具夾
剪刀
打火機

製作包覆原石串珠的結繩

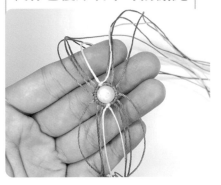

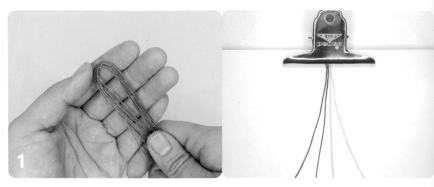

接著要介紹如何使用線材包覆原石串珠，做出手環的重點裝飾。

1 將八條長線對折，四條備用，四條放到固定板上，用文具夾在比中間點略上面 2cm 處固定。

◎ 這裡將使用象牙色的蠟線當作中心線，以方便區分和說明。

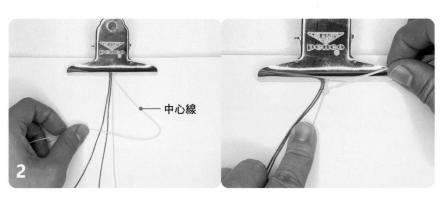

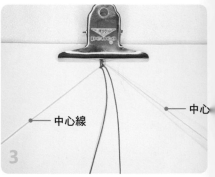

2 將最右邊的線當中心線，左邊三條當編織線，從右到左使用斜捲結編法依序編織。

3 編好後，兩邊最外側的線是要纏繞原石串珠的中心線。接下來會在這兩條中心線上追加接線。

追加接線的方法

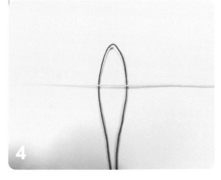

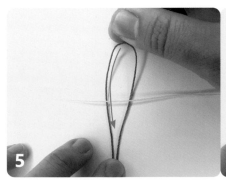

4 取一條步驟 1 對折備用的線，把對折點放到一條中心線的下方。

5 將對折處向下翻折。

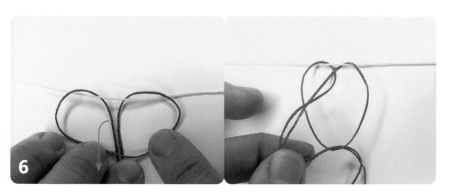

將線的尾端抽出孔洞，拉緊成一個結。

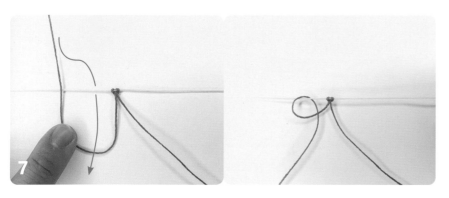

將左邊線的尾端放到中心線上方後，將線的尾端由內往外穿出孔洞，
拉成一個結。接著再重複一次相同步驟。

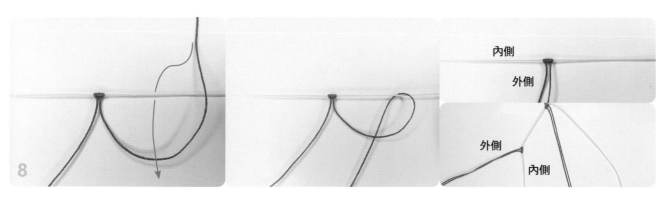

右邊的線也同步驟 7 的方法，接續編織繩結。

◎ 要讓追加線的尾端，朝著環繞原石的圓圈外側抽出來。

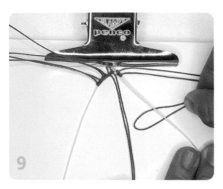

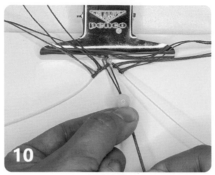

在兩邊的中心線分別接上兩條追加線，並將追加線推至頂端處、整齊排列。

將中間的兩條編織線，穿上原石串珠。

◎ 穿入串珠的方法，請參照 P.16。

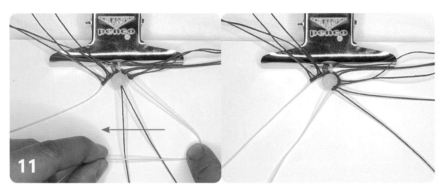

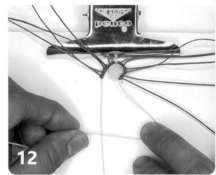

穿上原石串珠後，以斜捲結編法，編織右邊中心線和兩條編織線。

當兩條中心線在中間相遇後，再編一次斜捲結。

◎ 隨意將其中一條線當作編織線，另一條線當作中心線即可。

Q&A

Q. 準備一樣的材料，也用同樣的方法編織繩結，為什麼我編的繩結無法完整包覆原石的外圍呢？

A. 編織繩結時，如果用很大的力量拉得很緊，繩結就會變得比較小，而無法完整包覆原石外圍。這種時候可以輕輕移動繩結，並用小一點的力道編織，讓繩結可以自然纏繞住原石外圍。

V字繩結

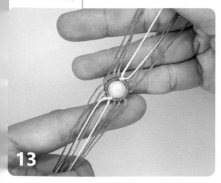

13

將纏繞原石串珠的十六條線分成八條一組。分組時，把包覆原石外圍的兩條中心線放在中間。

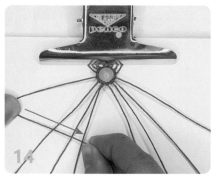

14

將最左邊的線當作中心線，從外到內以斜捲結編法依序處理右邊三條編織線。

TIP 此步驟開始，由於中心線不會是同一條線，故恢復以同色線示範。

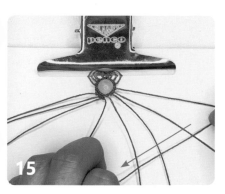

15

接著以最右邊的線為中心線，從外到內以斜捲結編法依序處理左邊三條編織線。

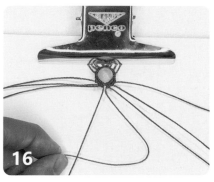

16

兩端的中心線都編到中間後，再編一次斜捲結。

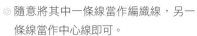

◎ 隨意將其中一條線當作編織線，另一條線當作中心線即可。

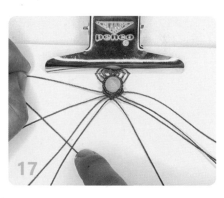

17

重複步驟 14～16，接續編織。

18

繼續編織至 V 字繩結的長度可以包覆手腕的四分之一以上。

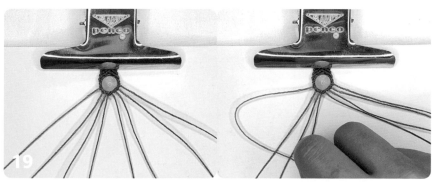

19

將原石串珠前後的線對調，用同樣方法編織另一側的 V 字繩結。

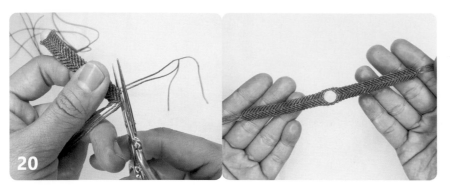

編至兩側 V 字紋樣長度可包覆手腕一半以上後，兩側各保留中間的四條線，其餘剪除並燒融收尾。

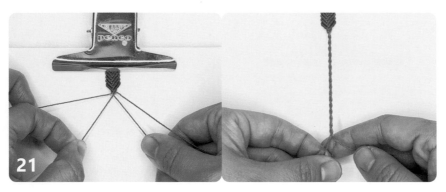

用剩下的四條線編織四股編繩結。

◎ 四股編的編法，請參照 P.40。

編織至手環長度可以讓手完全套入為止，接著在尾端打一個結。

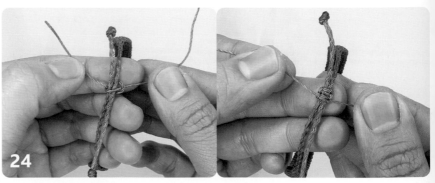

剪掉餘線後，用火燒融收尾。

將手環繞成圓圈並抓住交疊的四股編處，取剩餘的線材在上方編織至少 3 次平結，做出可調節長度的繩結。

◎ 平結的編法，請參照 P.56。

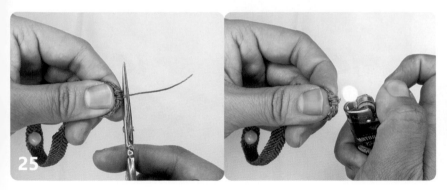

編好平結後，將剩下的線材剪掉並燒融收尾。

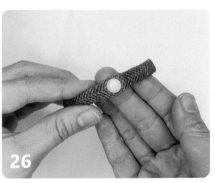

V字繩結原石手環即完成。

8 字紋樣繩結手環

運用最基本的 8 字繩結編織而成的獨特手環。8 字繩結不僅應用方式十分多元，繩結本身的形狀也相當漂亮，是深受許多編織愛好者喜愛的繩結編法之一。

材料

0.7mm 蠟線 - 60cm、6 條

+ 為了避免編織過程中混淆，編織繩結時會用不同顏色區分出兩條中心線。

工具

固定板
文具夾
剪刀
打火機

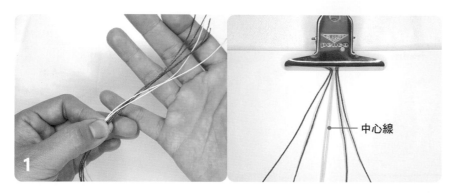

全部線材對齊後，用文具夾固定在約 10cm 的位置。此時兩條中心線會在中間。

8字繩結

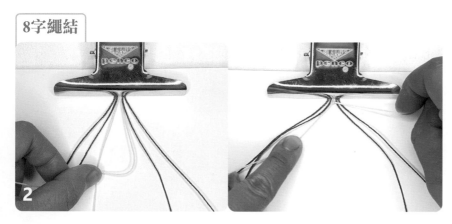

以兩條中心線編斜捲結。

◎ 隨意將其中一條線當作編織線，另一條線當作中心線即可。

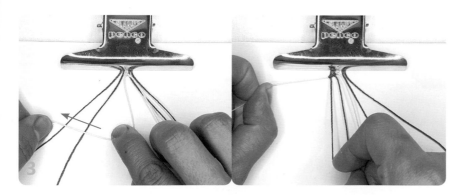

將左邊的中心線從內到外，依序用左側的編織線編斜捲結。

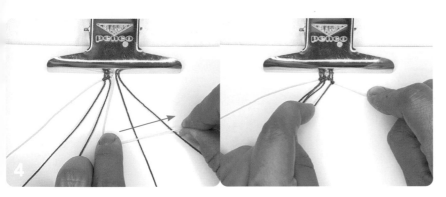

將右邊的中心線從內到外，依序用右側的編織線編斜捲結。

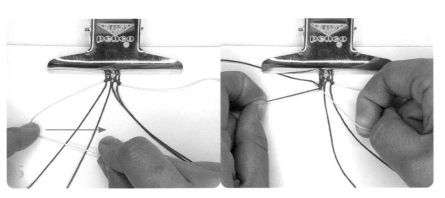

接著從最左邊開始，將中心線從外到內依序編斜捲結。

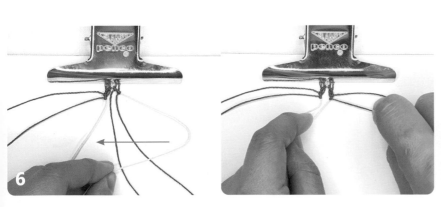

接著將最右邊的中心線，也從外到內依序編斜捲結。

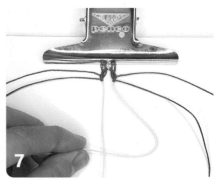

最後回到中間的兩條中心線，再
次編斜捲結。

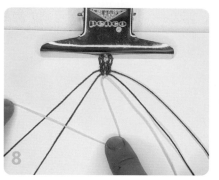
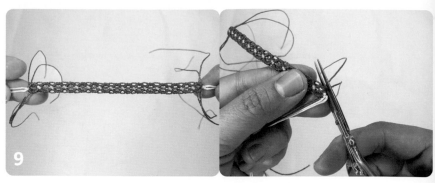

8

重複步驟 2～7，接續編織下去。

編織至長度可以包覆手腕的一半以上。保留兩側的兩條中心線後，其餘的線剪掉並燒融收尾。

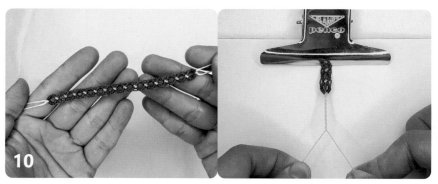
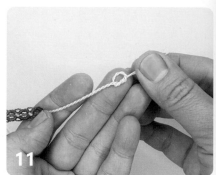

10

將兩側的中心線編成兩股編。

◎ 兩股編的編法，請參照 P.30。

11

編至手環長度可以讓手完全套入後，在兩側尾端打結。

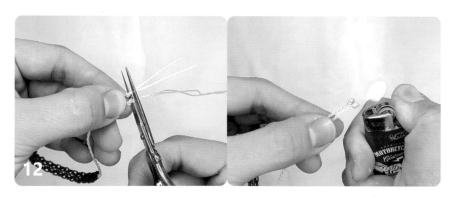

12

剪掉剩下的線材後，用火燒融並收尾。

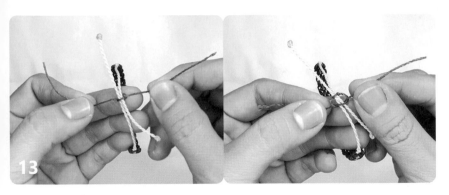

將手環繞成圓圈並抓住繩結交疊的兩股編，用剩餘的線材在上面編至少 3 次平結，做出可調節長度的繩結。

◎ 平結的編法，請參照 P.56。

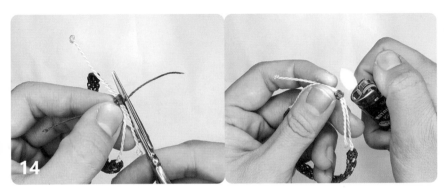

編好平結後，用火燒融並收尾。

8 字紋樣繩結手環即完成。

Q&A

Q. 為什麼我的8字繩結看起來不圓，而且側邊的線還凸出來？

A. 一般來說，8 字繩結會呈現橄欖球的形狀。在編織繩結時，我習慣把線拉平，所以才會編出較圓的形狀。如果想編出圓形的繩結，只要在打結拉線時，不斷把中心線往水平方向拉緊即可。

原石鑲嵌渾圓戒指

這是一款將原石、串珠包覆在中間後，在外圍部分編織 8 字繩結所做成的戒指。繩結的曲線線條和原石、串珠搭配起來相當和諧，可以演繹出精緻高級的氛圍。

材料

0.7mm 蠟線 - 55cm、2 條

0.7mm 蠟線 - 35cm、2 條

6mm 原石串珠 - 1 顆

3mm 玻璃串珠 - 2 顆

+ 為了編織時不會混淆，會用不同顏色區分出兩條中心線（兩條 35cm 線是中心線）。

工具

固定板

文具夾

剪刀

打火機

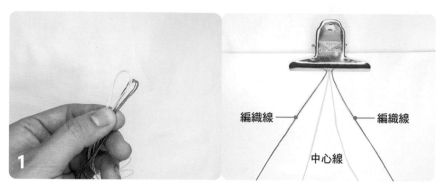

將所有線對折，分別放到固定板前後，並用文具夾固定。此時兩條
35cm 線在中間當中心線，兩條 55cm 的編織線在兩側。

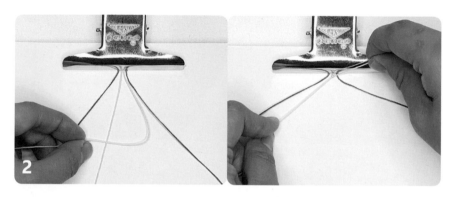

先以兩條中心線編斜捲結。

雀頭結（Vertical Lark's Head knot，又稱梭織結）

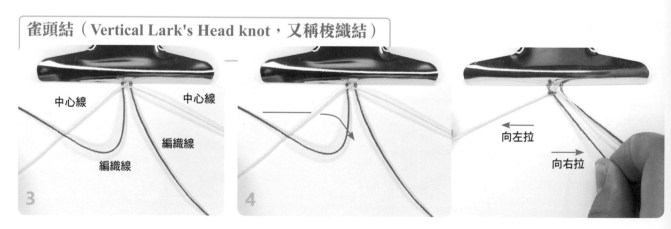

把中心線與編織線左右對調。先
將左側編織線放到中心線上方。

將編織線尾端穿出孔洞，拉緊成一個結。
◎ 將中心線拉平後，把編織線朝著和中心線相反的方向、向右拉動。

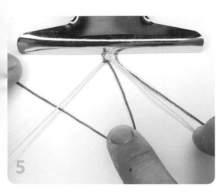

5

這次將編織線放到中心線下方。

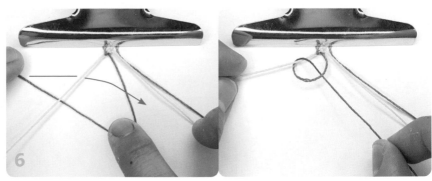

6

從孔洞中拉出編織線尾端，拉緊成一個結。

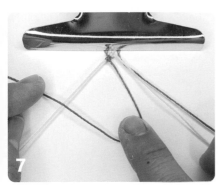

7

完成後，再次重複步驟 3～6。
◎ 總共重複編織五次。

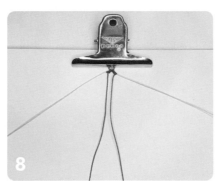

8

右邊也以同樣方法編織繩結。

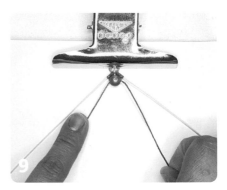

9

將兩條編織線相互交叉後，穿入
原石串珠。

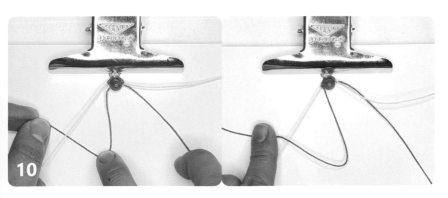

10

這次先編織步驟 5～6，再編織步驟 3～4。總共輪流編織五次，做出包
覆原石外圍的繩結。

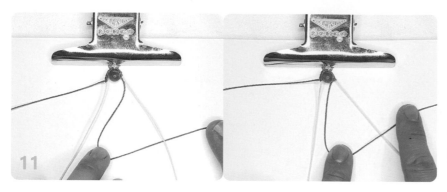

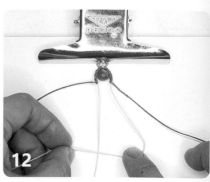

右邊也以同樣方法編織繩結。

用兩條中心線編織繩結，包覆住原石串珠。

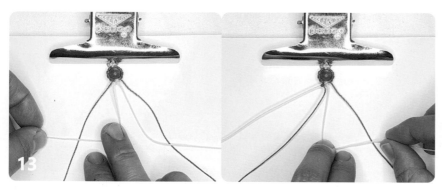

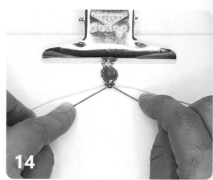

分別將兩條中心線從內到外，編織出倒 V 字形的繩結。

將兩條編織線相互交叉後，穿入玻璃串珠。

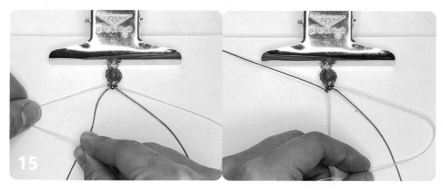

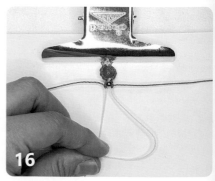

這次分別將兩條中心線從外到內，編織出 V 字的繩結。

用兩條中心線彼此編織繩結，完成包覆串珠的圓圈。

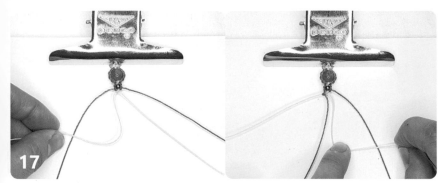
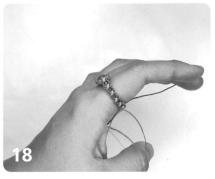

接續運用這四條線編 8 字繩結，直到長度約指圍的一半。

◎ 8 字繩結的編法，請參照 P.118。

將固定板前後面的線對調，用相同方式編織另一端的繩結。製作時，要預留收尾繩結的空間。

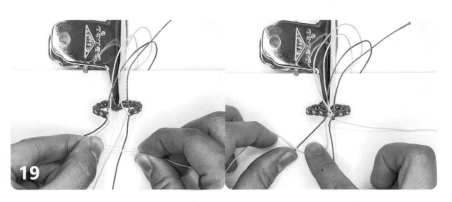

運用戒指收尾繩結，將戒指兩端接合在一起。

◎ 戒指的收尾繩結，請參照 P.129。

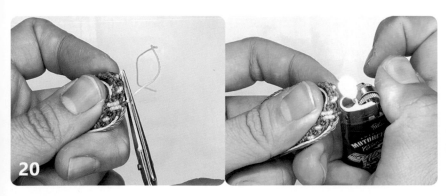

剪掉剩餘的線材後，用火燒融並收尾。

原石鑲嵌渾圓戒指即完成。

Q. 多編織一個圓圈，戒指就會太大，但少一個圓圈又太小，
　該怎麼編出合適的尺寸呢？

A. 尾端的部分可以透過編織圓圈的一半，也就是 V 字繩結來調整（重複編織過程中的步驟 15）。

戒指的收尾繩結

當戒指兩端都是由四條線編織的 V 字繩結時的收尾方式，可以讓戒指維持得很牢固，不用擔心斷掉。而且用這個方式收尾，結尾的形狀也是一種紋樣設計，兼具功能及美觀。

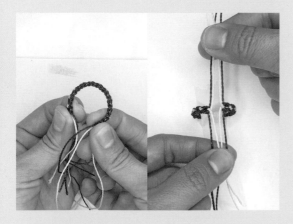

1. 將戒指兩邊的繩結拉近，繞成圓圈後，以膠帶或文具夾固定。接著整理線材，讓四條線朝下、四條線朝上。

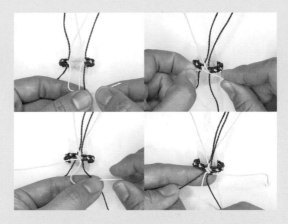

2. 將左邊第二條線當作中心線，右邊的兩條線當作編織線，從左到右依序編斜捲結。

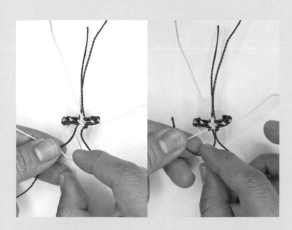

3. 再將左邊第二條線當中心線，最左邊的線當編織線，編斜捲結。

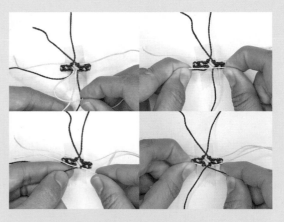

4. 另一邊也依相同方式編斜捲結。

銀河系圖騰戒指

戒指中心以雙層 8 字繩結包圍住一顆串珠的圖案,是從浩瀚無垠的銀河系而來的靈感。可以自由選用不同色澤的珠子和線,編織出自己心目中的宇宙。

材料

0.7mm 蠟線 - 45cm、4 條
0.7mm 蠟線 - 10cm、2 條
3mm 串珠 - 1 顆

工具

固定板
文具夾
剪刀
打火機

將四條 45cm 長的線對折，前後分別放在固定板上，用文具夾固定。

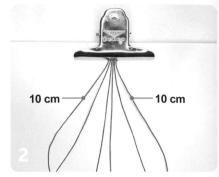

在兩邊的最外側各追加一條 10cm 的線，一起用文具夾固定。

雙層8字繩結

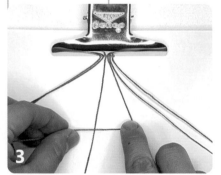

將中間兩條線當作中心線，先以兩條中心線編出斜捲結。

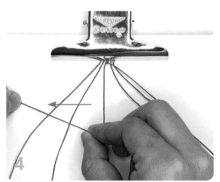

將左邊的中心線從內到外，依序以左側編織線編斜捲結。

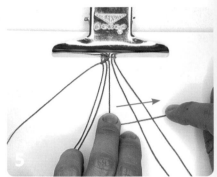

將右邊的中心線從內到外，依序以右側編織線編斜捲結。

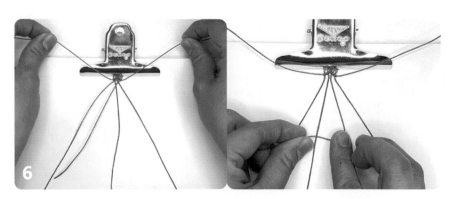

接著用中間的四條線編 8 字繩結。首先，將中間的兩條線當中心線，以這兩條線編斜捲結。

🔅 8字繩結的編法，請參照 P.118。

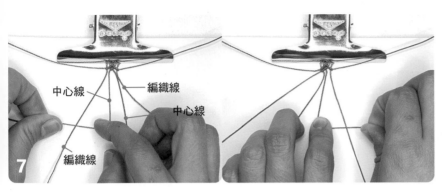

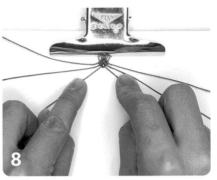

接著將兩條中心線，各自以旁邊的編織線，由內往外編斜捲結。

將兩條編織線相互交叉後，穿入串珠。

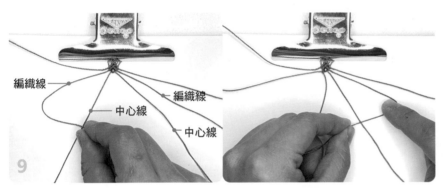

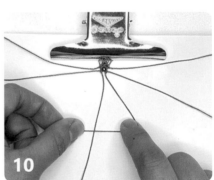

接著將兩條中心線以旁邊的編織線，由外往內編斜捲結。

再將位於中間的兩條中心線編斜捲結，完成包覆串珠的圓圈。

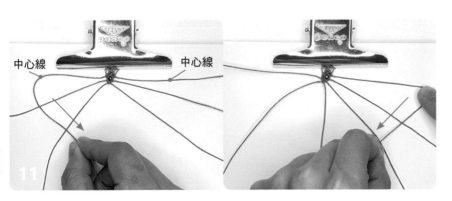

將最外側的線當中心線，從外到內依序以內側兩條編織線編斜捲結。

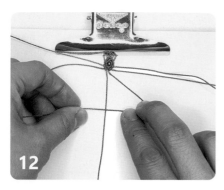 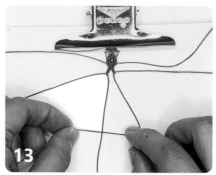

最後再將兩條中心線打斜捲結。

排除兩邊最外側的線，以中間的
四條線接續編織一個 8 字繩結。

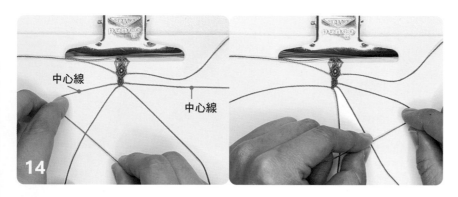

中心線

中心線

將這四條線兩邊外側的線當中心線，從外到內編織 V 字繩結。
◎ V 字繩結的編法，請參照 P.113。

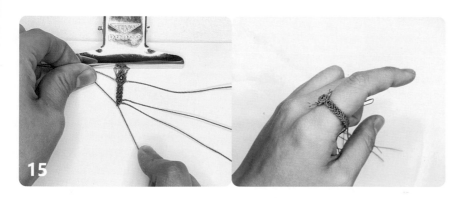

接續編織 V 字繩結至長度達指圍的一半。

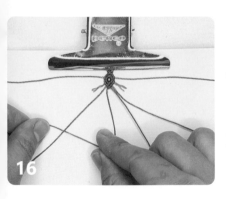

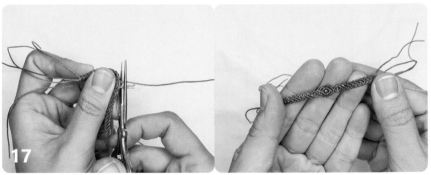

將固定板前後的線對調，用相同方式編織另一端的繩結。

待戒指紋樣部分完成後，剪去並整理中心部分不需要的線材。

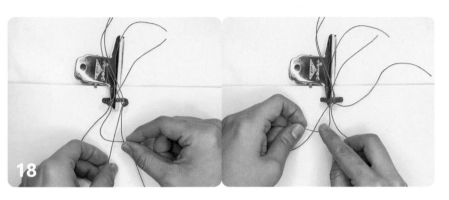

運用戒指收尾繩結，將戒指兩端接合。

◎ 戒指的收尾繩結，請參照 P.129。

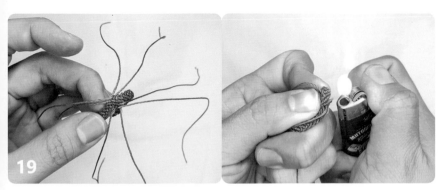

完成收尾繩結後，剪掉剩餘線材並燒融收尾。

銀河系圖騰戒指即完成。

雲朵線圈手環

手環中間部分的紋樣會讓人聯想到雲朵，非常療癒。這款手環的繩結一旦上手之後，做起來就相當簡單，因此很適合一次製作多條當作禮物贈送給朋友。配戴手環的你，絕對會成為眾人矚目的焦點。

材料

0.7mm 蠟線 - 45cm、2 條
0.7mm 蠟線 - 15cm、4 條
0.7mm 蠟線 - 7cm、2 條
3mm 玻璃串珠 - 1 顆

工具

固定板
文具夾
剪刀
打火機

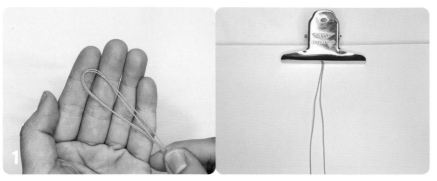

將兩條 45cm 長的線對折，前後分別放在固定板上，用文具夾固定。

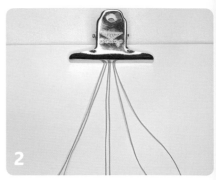

在兩側各加入兩條 15cm 長的線，一起用文具夾固定。

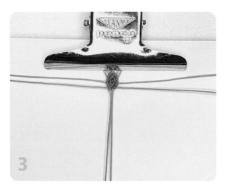

用這六條線編雙層 8 字繩結。

◎ 雙層 8 字繩結的編法，請參照 P.132。

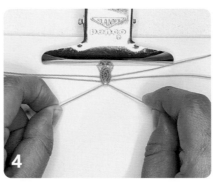

將兩條中心線交叉後穿入串珠。

TIP 以串珠取代，雙層 8 字繩結最後以兩條中心線打結的步驟。

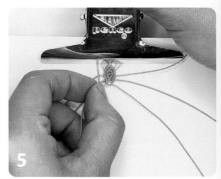

在左邊加入 7cm 的線並固定。

追加橫向編織

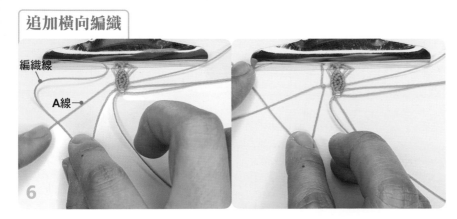

編織線

A線

將 A 線當中心線，以步驟 5 追加的編織線打斜捲結。

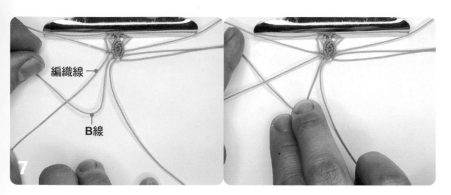

將 B 線當作中心線，以左側的編織線打斜捲結。

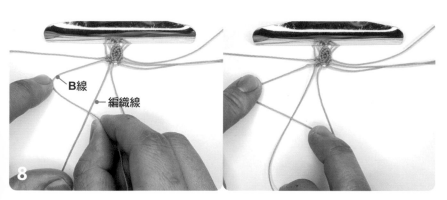

此時改將 B 線由外往內，以編織線打斜捲結。

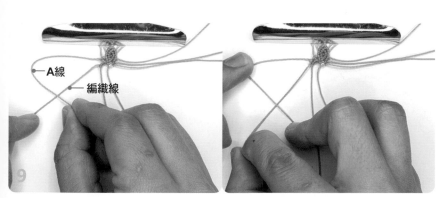

接著改將 A 線由外往內，以編織線打斜捲結。

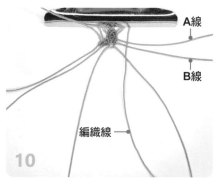

在右邊也追加一條 7cm 的線。

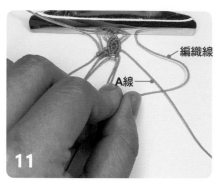

編織線

A線

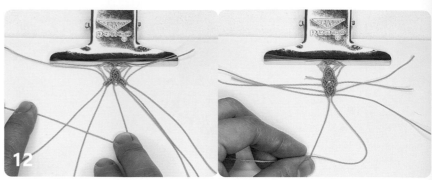

右邊也用同樣的方法編織。

將位於中間的六條線，再次編織雙層8字繩結。

待中間圖案的繩結編織完成後，保留兩側各兩條長線，把其餘的線材剪除並用火燒融收尾。

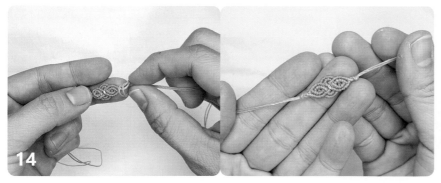

在中間圖案的繩結兩側各打上一個結。

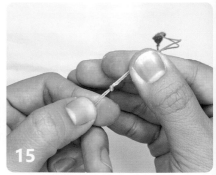

確定好手環長度後，在兩端各打一個結。可以依個人喜好決定是否要在尾端加入串珠。

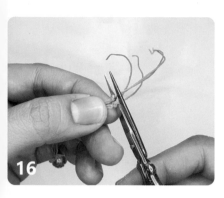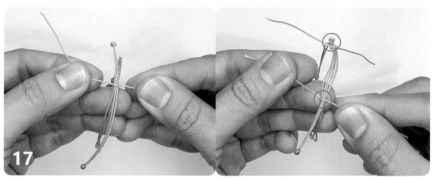

剪掉線材後，用火燒融收尾。

將手環繞成圓圈並抓住交疊部分，取剩餘的線材在上面編2個平結，做出可以調節長度的繩結。

◎ 平結的編法，請參照 P.56。

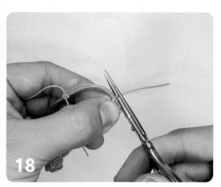

完成平結後，將剩餘的線收尾。

雲朵線圈手環即完成。

串珠飛瀑手環

在兩側循環的 8 字繩結之間加入閃閃發光的串珠，這樣做成的
手環就像它的名字一樣，讓人不禁聯想到飛瀉而下的瀑布。由
串珠設計營造出來的華麗感，不僅可以運用在手環，在頸環、
髮帶等飾品上也相當適合。

材料

0.7mm 蠟線 - 160cm、4 條
0.7mm 蠟線 - 30cm、1 條
3mm 串珠 - 20 顆

工具

固定板
文具夾
剪刀
打火機

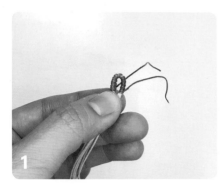

用四條 160cm 的線和一條 30cm
的線，先編織出一個孔圈。

⑥ 製作孔圈的方法，請參照 P.20。

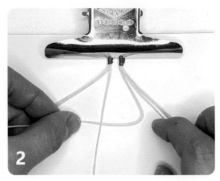

孔圈不需要收尾，以文具夾固定
後即可編倒 V 字形繩結。先將中
間兩條線編斜捲結。

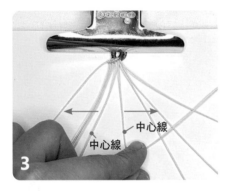

中心線
中心線

再將兩條中心線各自從內到外依
序以三條編織線編斜捲結，即完
成倒 V 字形的繩結。

⑥ 編織繩結時，編織線的順序可以隨意
　 決定。

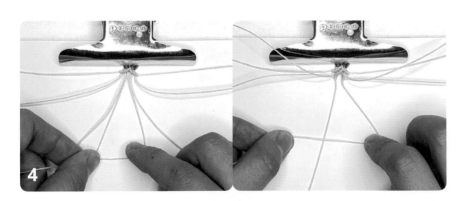

暫時將兩側的兩條線先移開，用中間的四條線編 8 字繩結。

⑥ 8字繩結的編法，請參照 P.118。

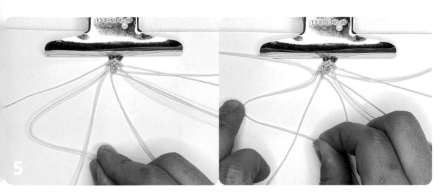

接著用左邊的四條線，編 8 字繩結。

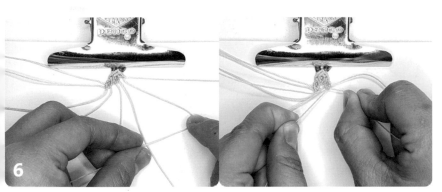

再用右邊的四條線，接續編 8 字繩結。

將中間兩條線相互交叉後，穿入串珠。

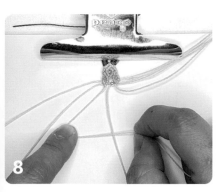

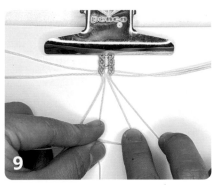

重複步驟 5～7 繼續編織，直到編出接近手圍的長度。

最後將尾端編織出與開頭一樣的紋樣。先以中間的四條線編 8 字繩結。

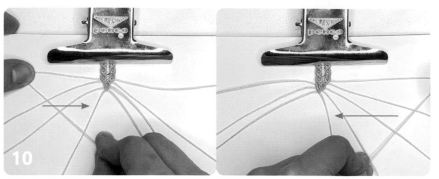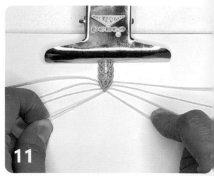

將兩邊最外側的線當中心線，分別從外到內，依序以三條編織線編斜捲結。

兩條中心線彼此編織出 V 字繩結，完成手環的紋樣部分。

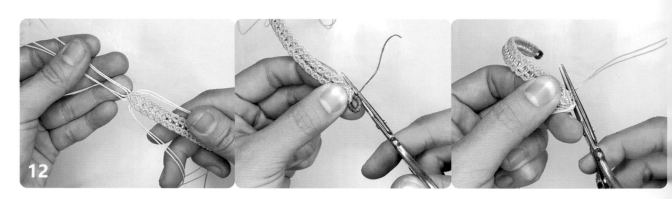

保留位於中間的四條線，剪去其餘的線材並燒融收尾。

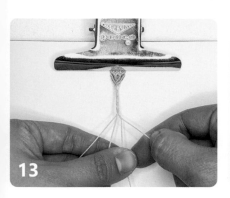

13

用保留的四條線編織四股編。

◎ 四股編的編法，請參照 **P.40**。

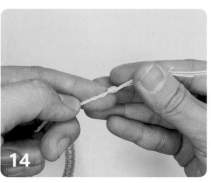

14

編織到足夠長度後，在尾端打一個結。

15

打結後，將剩餘的線材剪掉進行收尾（也可以選擇用火燒融）。

16

將線穿過孔圈後，再次打一個結，串珠飛瀑手環即完成。

無限符號戒指

以無限符號（∞）為靈感編出的這款戒指，是以不斷重複出現的（∞）作為紋樣，並加入外框輪廓的線條設計，讓整體作品更具備穩定的平衡感。

 材料

0.7mm 蠟線 - 30cm、4 條

0.7mm 蠟線 - 90cm、2 條

1mm 串珠 - 1 顆

+ 外框輪廓的兩條線容易混淆，建議用不
　同的顏色來區分。

工具

固定板

文具夾

剪刀

打火機

將六條線對折，前後放在固定板上，用文具夾固定。

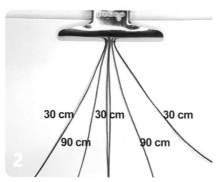

依照上圖擺放線材順序。兩側由外往內，分別為 30cm 外輪廓線 → 90cm 編織線 → 30cm 中心線。

外框輪廓8字繩結

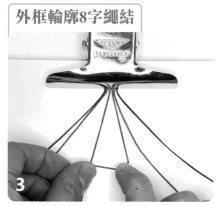

以中間四條線編出圍繞串珠的圓圈。首先，先將中間兩條線打斜捲結。

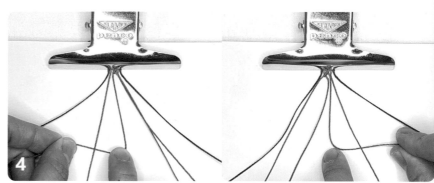

接著將兩條中心線，分別由內往外打斜捲結，編出倒 V 字形的繩結。

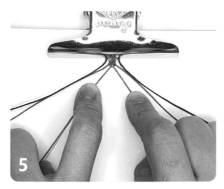

將位於中間的兩條編織線相互交叉後，穿入串珠。

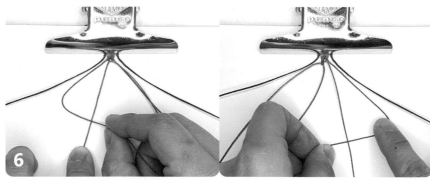

將中心線從外到內打一個斜捲結，編出 V 字繩結。

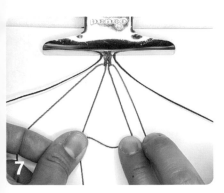

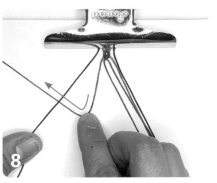

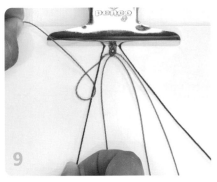

以兩條中心線編斜捲結，完成包覆串珠的圓圈。

接著要以最左側的外輪廓線當中心線，與左二的編織線做直向編織。首先，將編織線放到中心線下方。

將編織線穿入孔洞後，朝外側拉成結。注意要將中心線拉直。

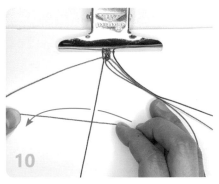

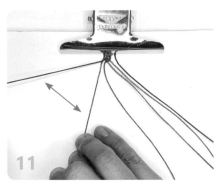

接著將編織線放到中心線上方，再從孔洞中拉出編織線尾端，拉成一個結。注意要將編織線朝外側拉緊。

接著要從外到內編織繩結。先將編織線從中心線下方穿過，讓兩條線的位置左右交換。

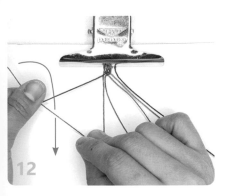

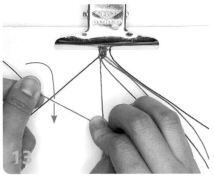

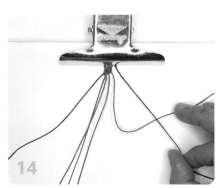

將編織線先放到中心線上方，再從孔洞中拉出並打一個結。注意要將編織線朝內側拉緊。

再次將編織線放到中心線上方，從孔洞中拉出，打一個結。

右側的線材也同樣以步驟 8～13 編出繩結。

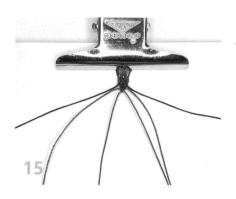

15

省略放入串珠的動作，重複步驟
3～14繼續編織下去。

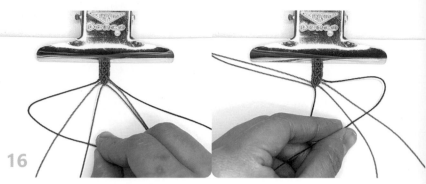

16

當編到指圍的一半長度後，便可編織收尾的繩結。將兩邊最外側的線
當中心線，從外到內依序以兩條編織線編斜捲結。

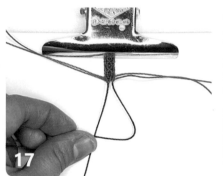

17

以兩條中心線編一個斜捲結。

18

將固定板前後線材對調，以同方
式編完另一側後，戒指兩端保留
中間四條線，其餘剪掉並收尾。

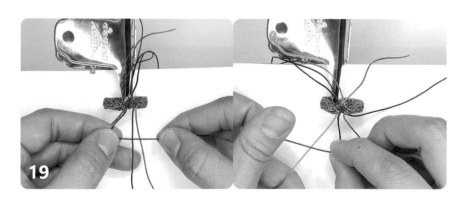

19

將戒指繞成圓圈並用文具夾固定，編織戒指收尾的繩結。

◎ 戒指的收尾繩結，請參照 P.129。

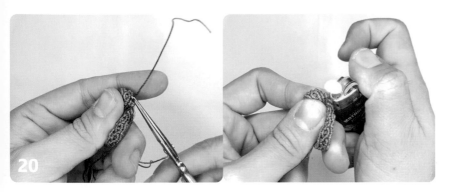

剪掉剩下的線材後，用火燒融並收尾。

無限符號戒指即完成。

貓頭鷹耳環

這款耳環是用繩結編織出象徵財富的貓頭鷹*模樣。隨著使用不同顏色的線材、不同材質的串珠，便可以完成各式各樣風格迥異的貓頭鷹。

 材料（單支貓頭鷹耳環）

0.7mm 蠟線 - 15cm、8 條
0.7mm 蠟線 - 7cm、2 條
串珠 - 2 顆
4mm C 圈 - 1 個
3mm C 圈 - 1 個
耳鉤 - 1 個

 工具

固定板
文具夾
剪刀
打火機
鉗子
開圈戒指

*譯註：韓文中財富的「富（부）」字與貓頭鷹（부엉이）的首字相同。

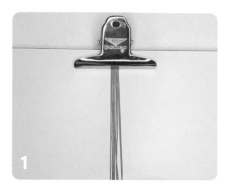
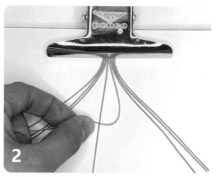

將八條 15cm 的線材用文具夾固定住。

準備編倒 V 字形的繩結。首先，將兩條中間的中心線編斜捲結。

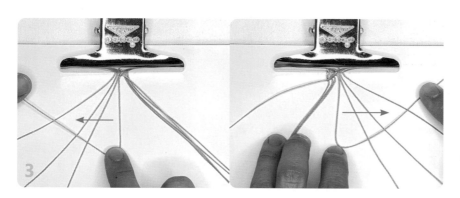

將中間兩條中心線分別從內到外，依序以三條編織線編斜捲結。

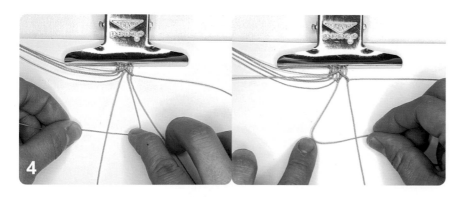

接著以右邊四條線，編織 8 字繩結。先以左兩條線編斜捲結，再以右兩條線邊斜捲結，最後再以中間兩條線編斜捲結。

🌀 8 字繩結的編法，請參照 P.118。

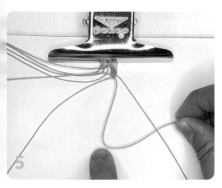

5

完成後，再次以右側兩條線編織繩結。

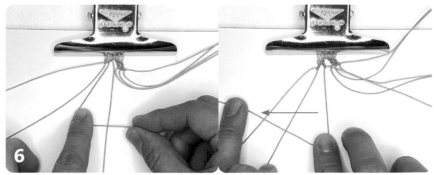

6

接著以左邊四條線，編織 8 字繩結。先以右兩條線編斜捲結，再以左兩條線編斜捲結，最後再以中間兩條線編斜捲結。

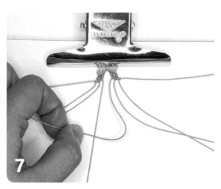

7

接著將位於中間的兩條線彼此編織斜捲結。

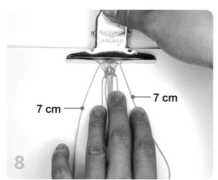

8

7 cm   7 cm

在兩側各追加一條 7cm 的線材。

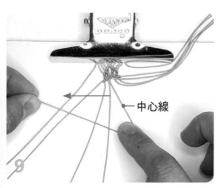

9

←中心線

將十條線分兩半，從左半部開始編倒 V 字形繩結。以最右側的線為中心線，依序從內到外，以四條編織線編斜捲結。

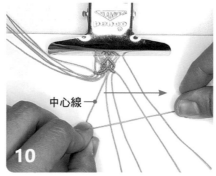

10

中心線→

接著編右半部。以最左側的線為中心線，依序由內到外，以四條編織線編斜捲結。

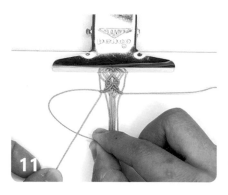 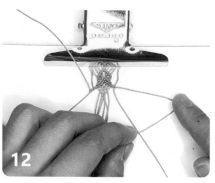

將線材整理好，改從外到內，以左側兩條線編斜捲結。

另一邊也從外到內，以右側兩條線編斜捲結。

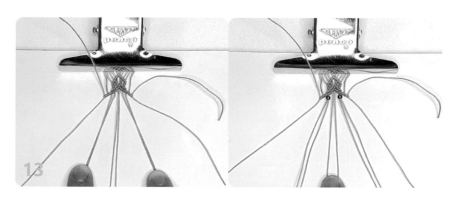

編好後，兩側再各自取其內側兩條線，各穿入一顆串珠。

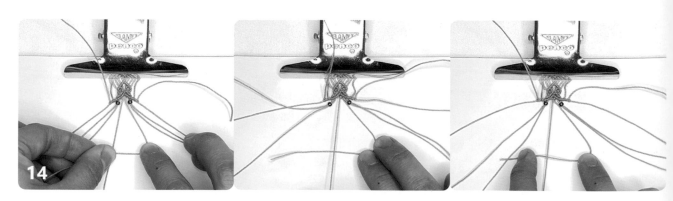

接著用中間的兩條線，編織 3 次雀頭結。

☺ 雀頭結的編法，請參照 P.124。

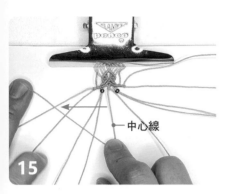

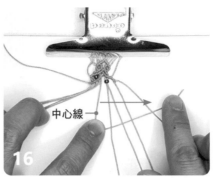

將位在中間左側的線當中心線，依序從內到外，以四條編織線編斜捲結。

將位在中間右側的線當中心線，依序從內到外，以四條編織線編斜捲結。

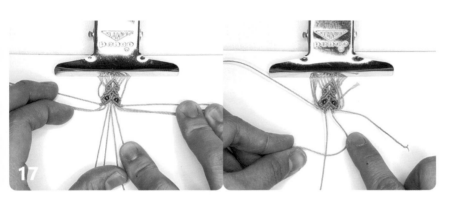

最後以中間的四條線，編織一個 8 字繩結。

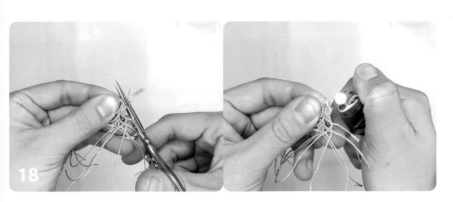

將所有剩餘的線材剪掉，並用火燒融來收尾。

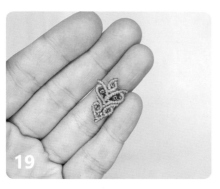

19

貓頭鷹吊墜即完成，可以做成鑰匙圈、耳環或項鍊。以下將示範耳環的加工方式。

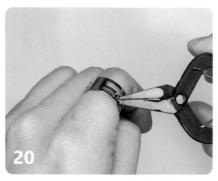

20

用開圈戒指將 4mm C 圈撐開。

21

將 C 圈穿入貓頭鷹吊墜頂端圓圈後，把 C 圈壓合。

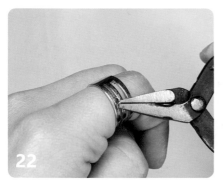

22

接著用開圈戒指撐開另一個 3mm C 圈。

23

將 C 圈同時穿入吊墜和耳鉤的孔洞後壓合。務必確認方向，讓實際配戴時，吊墜正面朝前。

24

貓頭鷹耳環即完成。

療癒心形手環

以心形紋樣、曲線、串珠交織而成，和諧而美麗的多層次繩結手環。可以依照個人喜好，決定是否加入串珠裝飾，串珠的樣式也能夠自由挑選，營造不同風格變化。

材料

0.7mm 蠟線 - 70cm、8 條
3mm 串珠 - 約 10 顆

工具

固定板
文具夾
剪刀
打火機

將八條 70cm 的線對齊後，用文具夾固定在約 10cm 的位置。

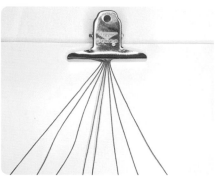

將中間兩條線當中心線，彼此打斜捲結後，再分別從內到外，以三條編織線編斜捲結，編出倒 V 字形繩結。

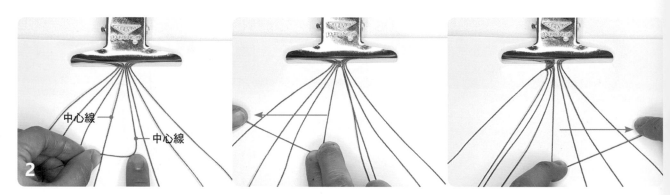

接著用左邊兩條線編 3 次雀頭結。先將編織線放到中心線下方，再開始編織，最後讓編織線朝外側擺放。

◎ 雀頭結的編法，請參照 P.124。

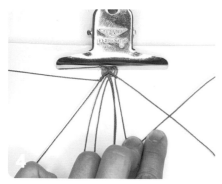

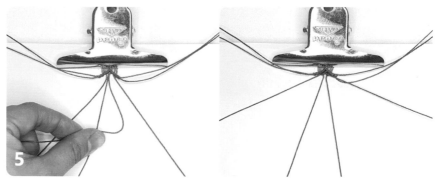

最右邊兩條線也同樣編織 3 次雀頭結。

接下來以中間四條線，編出放串珠的 8 字繩結。先將中間兩條中心線彼此打繩結，再分別以其外側的一條編織線，編出倒 V 字形繩結。

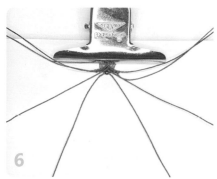

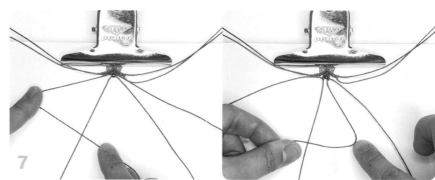

將中間兩條編織線相互交叉後，穿入串珠。

用中間的四條線，編織 V 字繩結。
◎ V 字繩結的編法，請參照 P.113。

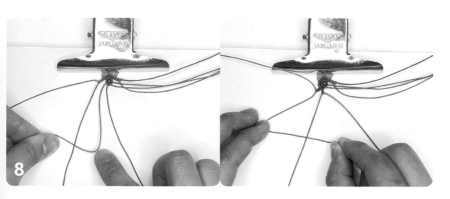

用左邊四條線編 8 字繩結。最後用中間的兩條中心線編織時，以外側那條線當中心線。
◎ 8 字繩結的編法，請參照 P.118。

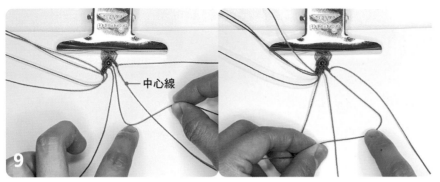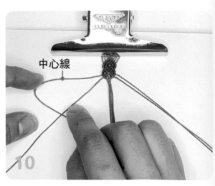

用右邊四條線編 8 字繩結。最後用中間的兩條中心線編織時,以外側那條線當中心線。

將最左邊的線當中心線,以其右側的編織線編斜捲結。

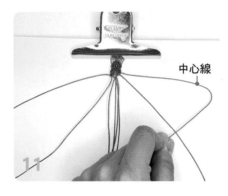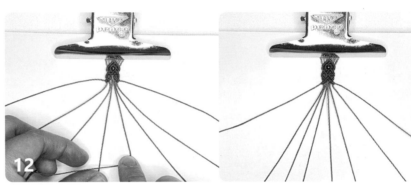

將最右邊的線當作中心線,以其左側的編織線編斜捲結。

重複步驟 2～11,編織出手環的紋樣。

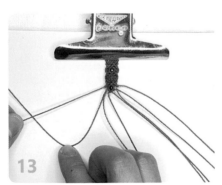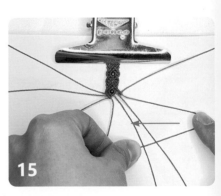

等紋樣的長度足夠後,就可以開始編織收尾的繩結。先用步驟 2～7 接續編織。

用左二的線當中心線,依序從外到內,以兩條編織線編斜捲結。

右側也同步驟 14 編織出繩結。

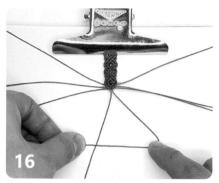

16

以兩條中心線相互編織繩結。

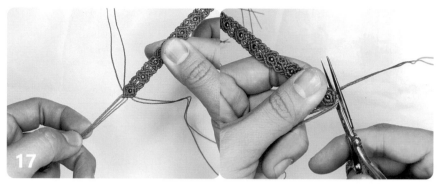

17

手環兩端各保留中間四條線,其餘剪除並收尾。

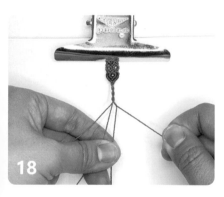

18

兩端分別以四條線編織四股編。
◎ 四股編的編法,請參照 P.40。

19

編織到適當長度後,兩端各打一
個結。

20

剪掉尾端剩餘的線材,用火燒融
並收尾。

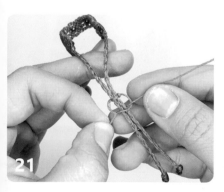

21

將手環的四股編部分抓住後,用
剩餘線材編織 3 次以上的平結,
做出可以調節長度的繩結。

◎ 平結的編法,請參照 P.56。

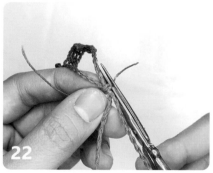

22

編完後,剪掉剩餘的線,用火燒
融並收尾。

23

療癒心形手環即完成。

蛋面原石吊墜

用繩結纏繞原石的項鍊吊墜，可以稱得上是繩結編織飾品當中最美的亮點。挑選適合用來搭配原石的線材顏色，也是自己編織繩結飾品的一大樂趣。

 ## 材料

0.7mm 蠟線 - 40cm、2 條

+ 這是包覆原石前後所需的中心線。為了更好辨識，示範時會用不同顏色區分。

0.7mm 蠟線 - 120cm、1 條

蛋面原石 15×20mm

+ 原石外圍和厚度的不同，所需要的線長也會隨著改變。

 ## 工具

固定板

文具夾

剪刀

打火機

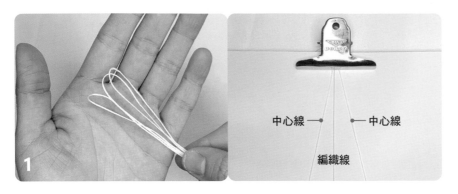

將三條線對折放到固定板上，用文具夾固定。此時兩側分別為 40cm 的中心線，中間是 120cm 的編織線。

◎ 兩條 40cm 的中心線分別纏繞原石正面及反面，並以 120cm 的編織線交錯編織兩條中心線。

Q&A

Q. 為什麼不從尾端開始編織，而是要從中間開始呢？

A. 每顆原石的尺寸都不盡相同，所以無法準確知道會需要多長的線材。有可能編好一端後，發現另一的端線材長度會不夠用。為了避免此情況發生，我會儘可能在兩邊留下差不多的線長，並從中間開始編織。出於相同原因，製作戒指時也都會從中間開始進行。

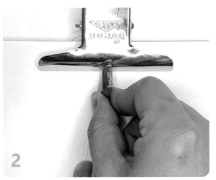

兩條中心線的間隔要依照原石厚度調整，抓好間隔後夾住固定。

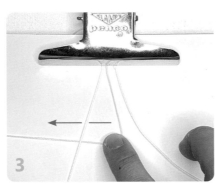

將編織線放到左中心線下方。

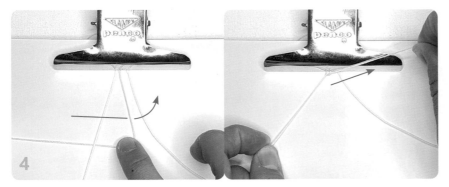

從孔洞中拉出編織線尾端，往右拉緊成一個結。

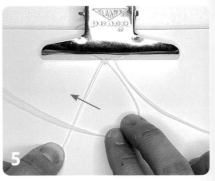

將編織線放到左邊中心線上方。

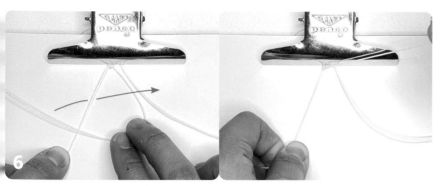 

從孔洞中拉出編織線尾端，向右拉緊成一個結。

接著改將編織線放到右邊中心線的下方。

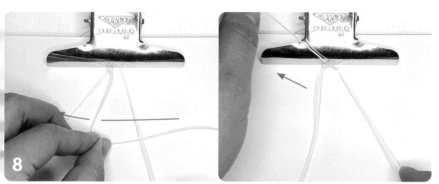 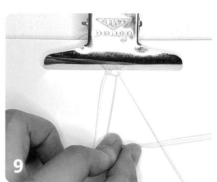

從孔洞中拉出編織線尾端，向左拉緊成一個結。

將編織線放到右邊中心線上方。

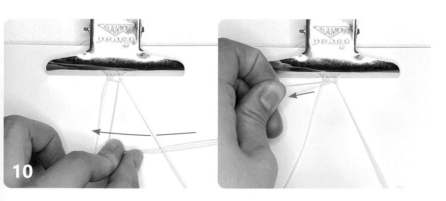

從孔洞中拉出編織線的尾端，向左拉緊成一個結。

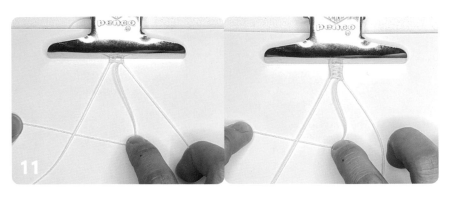

重複步驟 3～10，接續編織。

◎ 編織時要同時留意，讓中心線的間隔維持步驟 2 時抓好的距離。

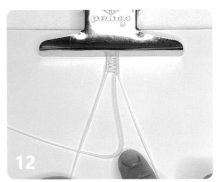

等繩結的長度足以包覆原石一半後，將固定板前後的線對調，繼續編織。

◎ 需注意不要將繩結的內外側顛倒。用文具夾固定時要看得見內側。

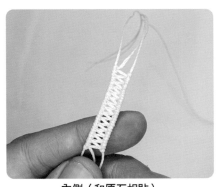

內側（和原石相貼）

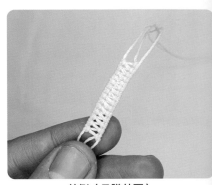

外側（吊墜外圍）

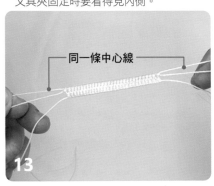

繼續編織繩結，直到可以完全包覆原石為止。繩結的結尾要在最初編織的中心線上。

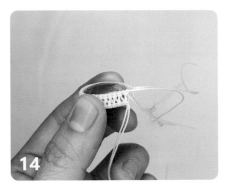

再次確認繩結長度及寬度是否能完整包覆原石。

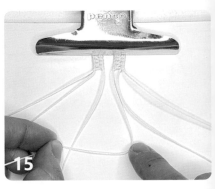

將繩結固定好，讓沒有收尾的兩條中心線在中間，彼此打繩結。

同一條中心線

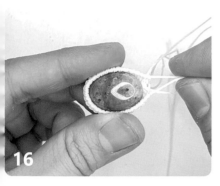

16

將繩結繞成圓圈後，以兩條中心線編斜捲結，包住原石的反面。

17

讓原石正面朝上後固定。同包覆原石背面的方式，以另兩條中心線編斜捲結，包住原石。

◎ 蛋面原石突起的立體面就是正面。

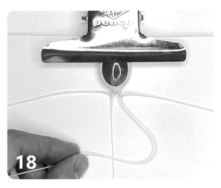

18

先用兩條編織線和原石正面的兩條中心線，編 8 字繩結。

◎ 8 字繩結的編法，請參照 P.118。

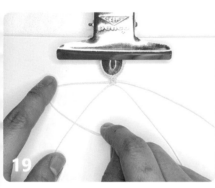

19

接著用這四條線繼續編織V字繩結，上圖約編 4～5 次繩結，可依個人喜好增減。

◎ V 字繩結的編法，請參照 P.113。

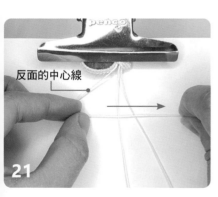

20

在編織繩結的同時，再次將變鬆的反面繩結拉緊。

21

反面的中心線

為了讓正面的繩結貼合反面的中心線，將反面的中心線，依序由內往外，以另兩條線編出繩結。

22

反面的中心線

另一邊也同步驟 21 編織繩結。

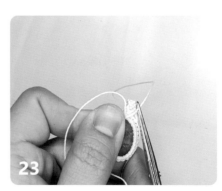

23

編好後，剪掉剩下的線，用火燒融並收尾。

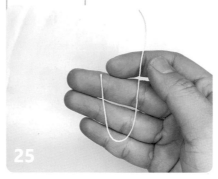

24

吊墜完成，可以自由選擇是否要
繼續編織繩索繩結。

25

準備一條 10cm 以上的剩餘線
材，在 4～5cm 處對折。

26

將折起來的部分朝上，從背面按
壓在吊墜孔圈上。

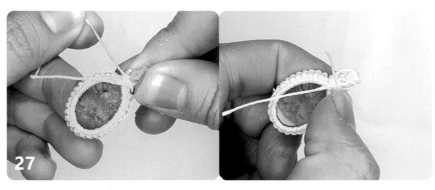

27

用較長一邊的線，在吊墜孔圈上緊緊纏繞多圈。

28

將纏繞線的尾端從一開始折起的
孔圈中拉出。

29

將另一邊的尾端向下拉緊。

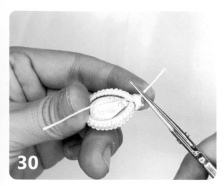

30

31

剪掉剩餘的線，用火燒融收尾。

蛋面原石吊墜即完成。若要做成
項鍊，可以繼續編四股編。

◎ 四股編的編法，請參照 P.42。

Q. **照著書上的步驟編織，為什麼原石沒辦法固定？**

A. 原石無法完全固定的原因有很多。首先是編織的繩結寬度比原石本身窄，或是幾乎等寬，導致支撐的
範圍太少、包不起來。假如繩結寬度沒有問題，最有可能的原因，就是正反面收尾的繩結鬆脫，所以
無法確實包住原石。

我在編織收尾的繩結前，會先用手固定原石，同時確認原石是否被完整包覆。接著在編收尾的繩結
時，儘量將繩結拉到最緊，牢牢包裹住原石。雖然繩結的編法本身並不困難，不過想要做出緊密包裹
原石的編織飾品，還是需要一定程度的熟練。多練習幾次，就可以逐漸提升作品的完成度。

編織出
圖畫般的
繩結飾品

漢拏山柑橘手環

編織繩結作品的過程中，我覺得就像是在畫畫一樣。我持續編織繩結，不僅提高了對繩結的理解程度，也可以運用基礎繩結製作出小魚、蝴蝶、幸運草等各種自己喜歡圖案。在這本書的最後，我想帶大家試著用繩結編出濟州島的經典水果——漢拏山柑橘，並把它做成一條手環。

材料

咖啡色 1mm 蠟線 - 35cm、2 條
橘色 1mm 蠟線 - 20cm、2 條
橘色 1mm 蠟線 - 7cm、2 條
綠色 1mm 蠟線 - 7cm、4 條

工具

固定板
文具夾
剪刀
打火機

將兩條 35cm 的咖啡色線對折放在固定板上，用文具夾固定在對折處往上約 3cm 處。

將 20cm 的橘色線對折，其中間點用文具夾固定在左側。

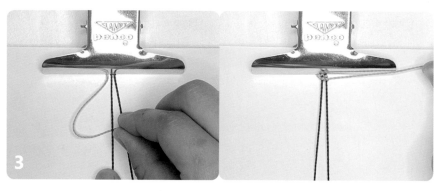

將橘色線當編織線，兩條咖啡色線當中心線，以直向編織的方式編斜捲結。

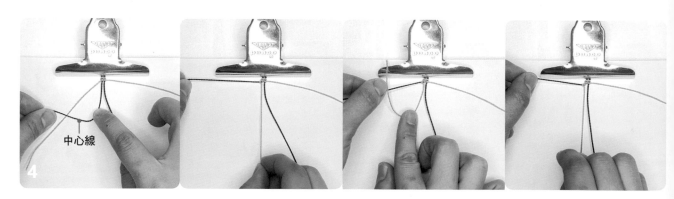

中心線

將左側咖啡色線當中心線，從內到外以左邊的橘色線編斜捲結。

右側也同步驟 4，編織出繩結。

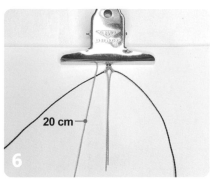

在左邊加入一條 20cm 的橘色線，用文具夾固定。

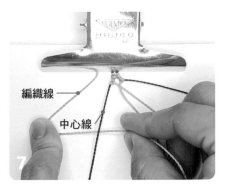

將新加入的橘色線當編織線，左邊的咖啡色線當中心線，以直向編織的方式編斜捲結。

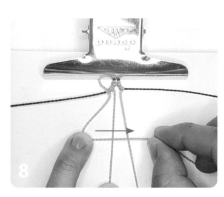

接著將新加入的橘色線當中心線，中間兩條橘色線當編織線，從內到外依序編斜捲結。

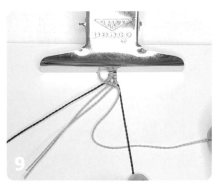

將新加的橘色線當編織線，右邊咖啡色線當中心線，以直向編織的方式編斜捲結。

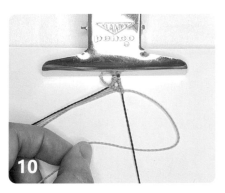

接著改變方向，同樣用直向編織的方式編斜捲結。

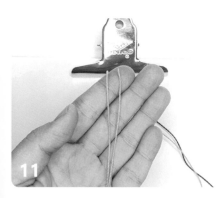

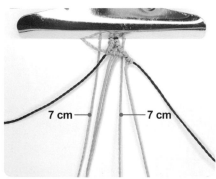

在中間兩條橘色線的左右分別再追加一條 7cm 短線。將追加線放在已經編好的繩結後面，用文具夾固定。

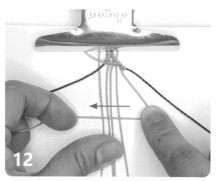

12

將最右邊的橘色線當中心線，中間的四條橘色線當編織線，從右到左編斜捲結。

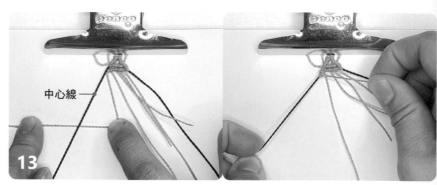

13

編完後，將最左邊的咖啡色線當中心線編斜捲結。先從內到外編織一次繩結，再從外到內編一次繩結，共編織兩次（直向編織）。

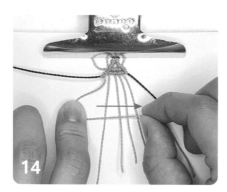

14

將最左邊的橘色線當中心線，中間的四條橘色線當編織線，從左到右編斜捲結。

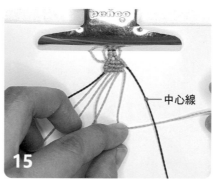

15

將最右邊的咖啡色線當中心線，先從內到外編一次斜捲結，再從外到內編一次（直向編織）。

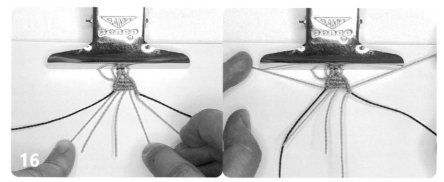

16

接著將外側的兩條橘色線拉到一旁，只保留中間三條橘色線。為了避免弄混，可以先用文具夾固定到旁邊或頂端，並將線的尾端拉到編好的繩結後方。

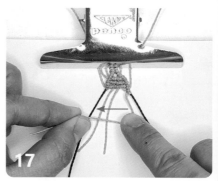

17

將最右邊的橘色線當中心線，從右到左編織兩條橘色線。

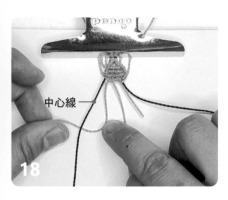

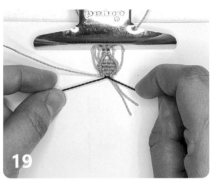

18 將左邊的咖啡色線當中心線，用直向編織的方式編斜捲結。

19 最後以兩條咖啡色線編織繩結。此時將橘色線拉到繩結後方。

製作葉片

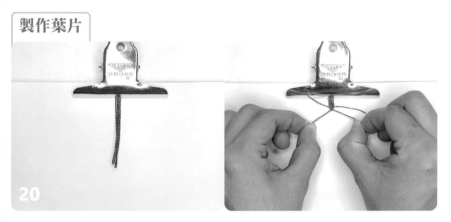

20 用四條綠色線編織 8 字繩結。

❀ 8 字繩結的編法，請參照 P.118。

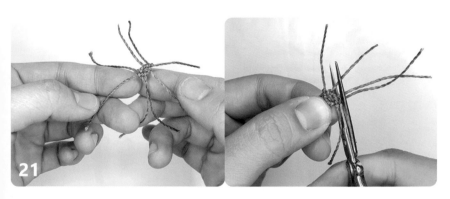

21 完成 8 字繩結後，只留下一條中心線，其餘線材剪掉並收尾。

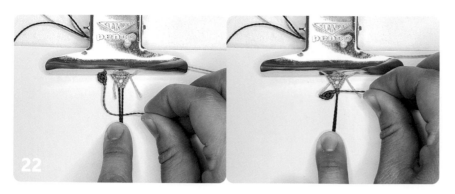

將編織葉片留下來的綠色線當編織線，兩條咖啡色線當中心線，編一次直向編織的斜捲結，包住兩條咖啡色線。

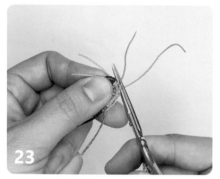

將所有的橘色線和綠色線剪掉後，用火燒融並進行整理。

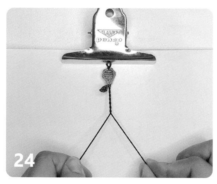

用咖啡色的兩條線編兩股編。
◎ 兩股編的編法，請參照 P.30。

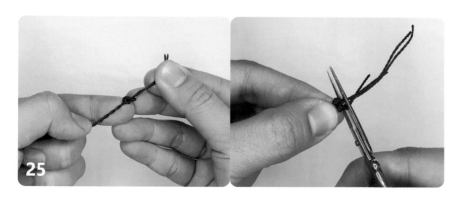

兩側皆編到適當長度後，各別在尾端打一個結並收尾。

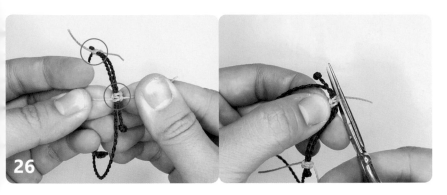

用剩餘的橘色線材編織平結，做出 2 個可以調節長度的繩結。

◎ 平結的編法，請參照 P.56。

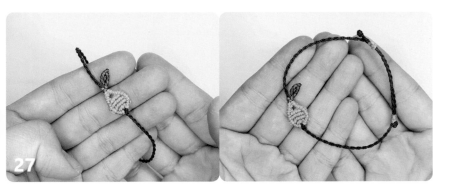

漢拏山柑橘手環即完成。

台灣廣廈 國際出版集團
Taiwan Mansion International Group

國家圖書館出版品預行編目（CIP）資料

法式繩結編織入門全圖解：用8種基礎繩結聯合原石、串珠，
設計出21款風格手環、戒指、項鍊、耳環（附QR碼教學影片）
／金高恩作. -- 初版. -- 新北市：蘋果屋, 2024.01
　　面；　公分.
　ISBN 978-626-97781-4-0（平裝）
　1.CST: 編織　2.CST: 手工藝

426.4　　　　　　　　　　　　　　　　　　112017979

法式繩結編織入門全圖解
用8種基礎繩結聯合原石、串珠，設計出21款風格手環、戒指、項鍊、耳環（附QR碼教學影片）

作　　者／金高恩		編輯中心編輯長／張秀環・編輯／蔡沐晨・陳虹妏	
譯　　者／彭翊鈞		封面設計／何偉凱・內頁排版／菩薩蠻數位文化有限公司	
		製版・印刷・裝訂／東豪・弼聖・秉成	

行企研發中心總監／陳冠蒨　　　線上學習中心總監／陳冠蒨
媒體公關組／陳柔彣　　　　　　數位營運組／顏佑婷
綜合業務組／何欣穎　　　　　　企製開發組／江季珊、張哲剛

發　行　人／江媛珍
法 律 顧 問／第一國際法律事務所 余淑杏律師・北辰著作權事務所 蕭雄淋律師
出　　　版／蘋果屋
發　　　行／蘋果屋出版社有限公司
　　　　　　地址：新北市235中和區中山路二段359巷7號2樓
　　　　　　電話：（886）2-2225-5777・傳真：（886）2-2225-8052

代理印務・全球總經銷／知遠文化事業有限公司
　　　　　　地址：新北市222深坑區北深路三段155巷25號5樓
　　　　　　電話：（886）2-2664-8800・傳真：（886）2-2664-8801
郵 政 劃 撥／劃撥帳號：18836722
　　　　　　劃撥戶名：知遠文化事業有限公司（※單次購書金額未達1000元，請另付70元郵資。）

■出版日期：2024年01月　　　ISBN：978-626-97781-4-0